JA監事読本

濱田 達海 著

は し が き

　農協法の一部改正（2015（平成27）年9月4日公布）により、2019（平成31）年度からJAと連合会に対する監査制度は、これまでの中央会監査から公認会計士による監査に移行する。

　会計監査については、イコールフッティングでないといった批判を受けることなく、JAが信用事業を安定して継続できるようにするため、信用事業を行うJA（貯金量200億円以上のJA）等について、信金・信組等と同様、公認会計士による会計監査が義務付けられたのである。このため、全国中央会（JA全中）は、全中の内部組織である全国監査機構を外出しして、公認会計士法に基づく監査法人を新設（みのり監査法人）し、JAは当該監査法人又は他の監査法人の監査を受けることとなる。

　なお、当該監査法人は、同一のJAに対し会計監査と業務監査の両方を行うこと（監査法人内で会計監査チームと業務監査チームを分けることが条件）が可能である。

　本書の内容は、拙著「JAの経営管理」（JA全中）と農林水産省委託調査「平成29年度農協監査・事業利用実態調査におけるJA等の監査費用に関する調査委託事業調査報告書」（平成30年3月有限責任あずさ監査法人）がもとになっている。

　中央会監査から会計士監査へ移行するという変革のなかで、三様監査の一翼を担うJAの監事にとって、監査費用を低減させるための要素について概要を知ることは、執行部とのコミュニケーション上も必要だと考える。

　本書では、第1章で会計監査への対応方法を記述し、第2章で、ガバナンスとしての執行体制を記述している。第3章で、内部監査と監事監査をよく理解するためにリスク管理と内部統制を記述し、第4章で牽制機能としての監事の役割と関連する内部監査について記述している。最終の第5章では、系統組織の特徴について記述している。

　時宜を逃さないことを目標に執筆したものであり、大方の皆様のご批判を頂戴できれば幸いである。

　JAの監事がガバナンスに果たす役割は極めて大きく、期待も大きなもの

となっている。役職員一人ひとりが社会的使命を認識し、食の安全・安心を担うJAグループの一員として活躍できるよう、監事がその職責を全うすることが期待されている。

　監事は、孤独な職業であるかもしれない。困った時は一人で悩まず、全国JA常勤監事協議会（事務局JA全中）に相談しよう。監事を支援してくれるはずである。

　最後に、監事の行動目標を提案しておきたい。
○　理事との適切な緊張関係を保持し、JAの健全な発展に貢献しよう。
○　会計士監査・内部監査と連携し、効率的で効果的な監査を実現しよう。
○　役職員に相談される「頼れる監事」をめざそう。

2019（平成31）年春

著　者

| 目　　次 |

はしがき

目　　次

第1章　中央会監査から会計士監査へ

1　中央会監査から会計士監査へ …………………………… 8
2　会計士監査の前提 ………………………………………… 11
　2-1　二重責任の原則とリスクアプローチ ……………… 11
　2-2　監査人の判断 ………………………………………… 12
　2-3　重要性の基準値 ……………………………………… 12
3　監査時間の検討 …………………………………………… 14
4　監査費用を低減させるための方策 ……………………… 24
　4-1　事業体制・事業内容 ………………………………… 25
　4-2　監査への対応体制 …………………………………… 27
　4-3　制度面での改善が考えられる事項 ………………… 31
5　監査時間低減のためのポイント ………………………… 33
　5-1　内部統制に関する事項 ……………………………… 33
　5-2　会計処理に関する事項 ……………………………… 37
　5-3　ITシステムに関する事項 …………………………… 38
　5-4　組織的取組みと内部監査への対応 ………………… 39
6　今後の展開にあたって …………………………………… 41

第2章　執行体制

1　トップマネジメント ……………………………………… 44

  1-1 トップマネジメントの機能 ················· 45
  1-2 トップマネジメントの構成 ················· 46
  1-3 常勤理事会 ································· 48
  1-4 使用人兼務理事 ··························· 48
2 理事会 ··· 50
3 経営管理委員会 ································ 53
4 補佐体制 ······································· 56
5 コーポレート・ガバナンス ···················· 58

第3章　リスク管理と内部統制

1 内部統制の枠組み ····························· 69
2 内部統制の定義 ································ 74
  2-1 内部統制の目的 ··························· 75
  2-2 内部統制の基本的要素 ····················· 76
3 内部統制の限界 ································ 84
4 内部統制に関係を有する者の役割と責任 ········ 85
5 危機管理（クライシス・マネジメント） ········ 87
6 事業継続計画（BCP） ························· 88

第4章　監事監査および内部監査

1 監事監査 ······································· 94
  1-1 監事の機能と責務 ························· 94
  1-2 監事の選出制度の確立 ····················· 96
  1-3 監事会の設置 ····························· 98
  1-4 監事の職務 ······························· 98
  1-5 他の監査との連携 ························· 99
2 内部監査 ······································ 102
  2-1 内部監査の意義 ·························· 102

2-2	内部監査の独立性と体制整備	………………… 104
2-3	内部監査担当者の能力および正当な注意	………… 105
2-4	内部監査の品質管理	……………………………… 106
2-5	内部監査の対象範囲と内容	……………………… 107
2-6	内部監査の報告とフォローアップ	……………… 111
2-7	内部監査と監事監査・会計監査人監査との連携	……… 113

第5章　経営組織

1　系統組織　……………………………………………… 116
2　JAにおける経営組織のパターン　…………………… 119
3　事業部制を志向した経営組織と機能の分類　………… 124
　　3-1　本・支所（店）機能の整備　…………………… 124
　　3-2　本・支所（店）機能分担のイメージ　………… 128
　　3-3　施設機能　………………………………………… 131
　　3-4　事業部制の利益管理と責任会計　……………… 133
4　子会社とグループ・ガバナンス　……………………… 135

凡例

　　農協法　　農業協同組合法
　　改正法　　農業協同組合法等の一部を改正する等の法律
　　　　　　　（2015（平成27）年9月4日法律第63号）

第 1 章
中央会監査から会計士監査へ

1 中央会監査から会計士監査へ

　農協法の一部改正（2015（平成27）年9月4日公布）により、2019（平成31）年度から、JAと連合会に対する監査制度は、これまでの中央会監査から、公認会計士監査に移行する。会計監査については、イコールフッティングでないといった批判を受けることなく、JAが信用事業を安定して継続できるようにするため、信用事業を行うJA（貯金量200億円以上のJA）等について、信金・信組等と同様、公認会計士による会計監査が義務付けられたのである。

　この間のJA改革に関する議論の詳細は、敢えて省略するが、基本資料として、当時の与党取りまとめ資料と法改正の概要の一部を掲載する。

与党とりまとめ（農協・農業委員会等に関する改革の推進についてを踏まえた法制度等の骨格―資料1-2別紙―）2014（平成26）年6月農林水産省

（1）　会計監査については、農協が信用事業を、イコールフッティングでないといった批判を受けることなく、安定して継続できるようにするため、信用事業を行う農協（貯金量200億円以上の農協）等については、信金・信組等と同様、公認会計士による会計監査を義務付ける。

① このため、全国中央会は、全国中央会の内部組織である全国監査機構を外出しして、公認会計士法に基づく監査法人を新設し、農協は当該監査法人又は他の監査法人の監査を受けることとなる。

② なお、当該監査法人は、同一の農協に対して、会計監査と業務監査の両方を行うこと（監査法人内で会計監査チームと業務監査チームを分けることを条件）が可能である。

③ 政府は、全国監査機構の外出しによる監査法人の円滑な設立と業務運営が確保でき、農協が負担を増やさずに確実に会計監査を受けられるよう配慮する旨、規定する。

④ 政府は、農協監査士について、当該監査法人等におけるJAに対する監査業務に従事できるように配慮するとともに、公認会計士試験に合格した場合に円滑に公認会計士資格を取得できるように運用上配慮する

旨、規定する。
⑤　政府は、以上のような問題の迅速かつ適切な解決を図るため、関係省庁、日本公認会計士協会および全国中央会による協議の場を設ける旨、規定する。
⑥　全国中央会の新組織への移行等によりその監査業務が終了する時期までは、新しい会計監査制度への移行のための準備期間として、農協は全国中央会監査か公認会計士監査のいずれかを選べることとする。
(2)　業務監査（コンサル）については、農協の販売力の強化、6次産業化、輸出拡大等を図るために、必要なときに自由にコンサルを選ぶことができるようにするため、農協の任意とする。
(3)　都道府県中央会については、
　①　新組織は、会員の要請を踏まえた経営相談・監査、会員の意思の代表、会員相互間の総合調整という業務を行うこととする。
　②　2019（平成31）年3月31日までの間に、農業協同組合連合会に移行する(注1)。
　③　移行した農業協同組合連合会は、「農業協同組合中央会」と称することができるように法的な手当を行う。
　④　都道府県中央会から移行した農業協同組合連合会が、会員の要請を踏まえた監査の事業を行う場合は、農林水産省令で定める資格を有する者を当該事業に従事させなければならないこととする。
(4)　全国中央会については、
　①　2019（平成31）年3月31日までの間に、会員の意思の代表、会員相互間の総合調整などを行う一般社団法人に移行する(注1)。
　②　移行した一般社団法人は、「農業協同組合中央会」と称することができるように法的な手当を行う。

(注1)　改正農協法施行日（2016（平成28）年4月1日）から起算して3年6月を経過する日（2019（平成31）年9月30日）までの期間にその組織を変更することができることとされた（改正法附則第12条、第21条）。

農業協同組合法等の一部を改正する等の法律（（2015（平成27）年法律第63号）の概要について（平成27年9月農林水産省））

　信用事業を行う農業協同組合等の会計監査人の設置
　①　信用事業を行う農業協同組合（政令で定める貯金量に達しないものを

除く）等は、会計監査人を置き、その計算書類およびその附属明細書について会計監査人の会計監査を受けなければならないものとし、会計監査人は、公認会計士又は監査法人でなければならないものとする。また、業務監査については任意とする。

② この法律の施行の際現に存する組合については、①の規定は、この法律の施行の日から起算して3年6月を経過した日から適用するものとするが、会計監査人を置いた組合については、その時から①の規定を適用する。

③ 政府は、全国農業協同組合中央会の監査から会計監査人の監査への移行に関し、次の事項について適切な配慮をするものとする。

　　ⅰ）全国農業協同組合中央会において監査の業務に従事していた公認会計士等が設立する監査法人が、組合に対する監査の業務を円滑に開始し、および運営することができること。

　　ⅱ）会計監査人の監査を受けなければならない組合が会計監査人を確実に選任できること。

　　ⅲ）会計監査人の監査を受けなければならない組合の実質的な負担が増加することがないこと。

　　ⅳ）農業協同組合監査士に選任されていた者が組合に対する監査の業務に従事することができること。

　　ⅴ）農業協同組合監査士に選任されていた者が公認会計士試験に合格した者である場合には、農業協同組合監査士としての実務の経験等を考慮され、円滑に公認会計士となることができること。

④ 政府は、全国農業協同組合中央会の監査から会計監査人の監査への円滑な移行を図るため、農林水産省、金融庁その他の関係行政機関、日本公認会計士協会および全国農業協同組合中央会（当面存続する全国農業協同組合中央会を含む）による協議の場を設けるものとする。

次節以降において、農林水産省の委託調査である「平成29年度農協監査・事業利用実態調査における農協等の監査費用に関する調査委託事業調査報告書（平成30年3月有限責任あずさ監査法人）」[注2]をもとに、会計士監査について検討する。

（注2）http://www.maff.go.jp/j/keiei/sosiki/kyosoka/k_kenkyu/attach/pdf/index-54.pdf

2 会計士監査の前提

2-1 二重責任の原則とリスクアプローチ

　適正な財務諸表を作る第一義的な責任は経営者（監査を受ける側）にあり、公認会計士にはそれを監査する責任がある。これを二重責任の原則という。

　この原則を前提として、公認会計士の監査証明は、財務諸表に重要な虚偽表示がないことを検証し、監査意見を表明することで行われる。重要性に応じた検証であるためすべての細目に対して網羅的に監査を行う必要はないうえに、監査の人員や時間は有限であるため、経済環境、被監査組織の特性などを勘案して、財務諸表の重要な虚偽表示につながるリスクのある項目に対して重点的、効果的に監査を行うこととなる。これがリスクアプローチである。

　被監査組織が作成した財務諸表に重要な虚偽表示が存在するリスクが高いと、監査手続を強化する必要があるため監査時間は増えることとなる。このため、まず重要な虚偽表示の水準を決定したうえで、質的・量的なリスクを勘案し、重要な勘定科目等を選定する。

　この重要な勘定科目のリスク評価において、経済環境や事業・財務諸表項目の性質などから重要な虚偽表示が生じやすいと判断されることがある。これが固有リスクである。

　たとえば、経済環境が悪化し、その影響を受けやすい事業において、市場価格の変動の激しい商品を扱っている場合などにおいては、棚卸資産の評価に関して評価損の計上漏れや評価金額を誤るリスクが高いと判断する場合が考えられる。通常は、ミスの発生を防止する仕組みが構築されている。被監査組織において各種の業務が効果的・効率的に進められるように、ミスが生じることを予防するか、もしくは適時に発見・是正できる仕組みをコントロールと呼ぶ。

　たとえば、仕入先からの請求書をもとに仕入伝票を起票する際に、起票者の上司などが、請求書を適切に仕入伝票に起票できているかを確認する統制手続等である。これらのコントロールが組込まれたプロセスが内部統制である。

内部統制が有効に機能せずにミスが残るリスクは統制リスクと呼ばれる。適正な財務諸表の作成という目的においても、有効な内部統制が虚偽表示の発生を抑制することとなる。

　監査人は、固有リスクと統制リスクを評価し、監査手続の水準を決定する。このため、これらの評価に係る時間も監査時間に含まれる。統制リスクの評価の最終段階ではサンプリング・テストの結果から母集団たる統制全体の推定を行う関係上、評価対象が同質な手順であることが前提となっており、業務ごとに評価が必要となる。この業務の単位を業務プロセスと呼び、重要な勘定科目の記帳までに必要となる業務プロセスを、重要な業務プロセスと呼んでいる。

　重要な業務プロセスの内部統制は、その整備状況を把握・評価し、監査上検証の対象とするコントロール（キーコントロール）を選定し、サンプリングにより運用のテストを実施することによって評価される。

2-2　監査人の判断

　公認会計士は、財務諸表監査の職業的専門家であり、監査計画策定・監査手続の選択適用・監査意見の形成にいたる一連の監査業務の内容は、一般に公正妥当と認められる監査の基準を踏まえ、監査契約を受嘱した監査人自身の判断に基づき決定する。

　具体的には、JAや連合会という事業体、内外経営環境、重要性の基準値、リスク評価、リスク対応など、監査を遂行するうえで必要と認めた理解、検討、対応、帰結などのあり様は、それぞれの監査人の職業的専門家としての監査人の判断と責任において決定される。

　実際の監査実務では、各々の時点における監査環境、組合の内外の事業環境、事業の状況、内部統制の状況等を踏まえて、各監査人が職業的専門家として必要と認める監査時間等を判断することになる。

2-3　重要性の基準値

　公認会計士監査の一連のプロセスには、職業的専門家としての監査人による判断が伴う。この点は、重要性の基準値の決定も同様である。重要性の基

準値とは、監査計画の策定時に決定した、財務諸表全体において重要であると判断する虚偽表示の金額をいう[注1]。

　通常、重要性の基準値を決定する際には、最初に指標を選択し、その指標に対して特定の割合を適用する。適切な指標の識別に影響を与える要因には、財務諸表の構成要素や、財務諸表の利用者がとくに注目する傾向にある項目の有無、被監査組織のライフサイクルの特性および被監査組織が属する産業や経済環境、被監査組織の所有構造と資金調達の方法など、多くの要素がある。また、選択した指標に関連する財務データには、予算値や実績値などがあり、その財務データに対して被監査組織の重要な変化や産業・経済の環境変化に応じて修正した値も含まれ、その指標に対して適用する割合の決定にも、職業的専門家としての判断を伴う。

　このように、重要性の基準値は、一意に決めることができる性質のものではなく、監査を担当する公認会計士が自らの職業的専門家としての責任において判断する性質のものである。実際には、監査人ごとに判断される重要性の基準値には幅があり、その大小は監査時間に影響を与える。

(注1) 監査基準委員会報告書320「監査の計画及び実施における重要性」2011（平成23）年12月22日、改正2015（平成27）年5月29日、日本公認会計士協会監査基準委員会報告書第42号）第8項(1)

3 監査時間の検討

(1) 通常の監査時間

　組合に対して一定の知見を有する監査人が、初年度監査としてこれを受嘱する場合（すなわち、当該組合に対する監査を初めて実施する場合）で、監査を受ける側の組合については、内部統制の整備および運用に不備はなく、かつ、重要な虚偽表示もない場合の監査時間を通常ケースの監査時間とする。

　また、監査制度の移行までに、監査を実施する公認会計士側と監査を受ける組合側の双方において一定の取組みを行うことによって、監査時間を低減させることも可能である。すなわち、公認会計士側において組合の監査に関して十分な知見を蓄えたり、組合側において監査上課題になると考えられる点を事前に改善したりすることにより、監査時間を低減させることができる。

　さらに、一般的には、監査契約が継続すると、被監査組織および監査人の双方の理解が進むため、相互に効率的に監査を遂行するための協力的な取組みが行われ、監査時間は減少していく。支所への往査等が一巡した後（通常3年が経過した後）として想定される監査時間がもっとも効率的である。

　逆に、監査人が組合に関する知見を伴っていなかったり、組合が財務報告に係る内部統制の不備等を抱えていたりする場合には、通常ケースよりも監査時間は増加する。

(2) 監査時間の見積り

　パイロットテスト（予備調査）に基づいて監査時間の見積りを行う。パイロットテストは、監査契約を締結する前に、その監査を受嘱することが監査人にとって適切かどうか等を判断するために実施する手続きである。監査基準等に基づき、監査計画策定時に必要な質問や資料の閲覧等を実施し、監査計画から意見形成にいたる監査上必要となる作業項目を洗い出し、これに必要となる時間を積み上げることで、監査時間の見積りを得る。

　パイロットテストにおける主な調査内容は、次のとおりである。
　①事業内容、役員体制、財務状況、経営環境の把握

②支店や子会社を含む組織の把握
③内部統制の状況の把握
④経営者ディスカッションを通じた経営姿勢、監査に対する態度の把握
⑤勘定科目の内容およびリスクの把握
⑥その他、監査報酬の見積りに必要な事項

パイロットテストにより得られた情報を勘案して、以下の手順で監査時間を試算する。

【ステップ1】
ディスクロージャー資料や総代会あるいは総会の資料、組合に対するヒアリングによる経営環境、事業内容、財務内容等の把握に加え、中央会監査の担当者に対するヒアリングによる監査の状況の把握に基づき、監査計画の策定に要する時間として、監査の基本方針の策定や財務諸表の重要な虚偽表示リスクの評価を行い文書化するための時間を見積る。

【ステップ2】
重要性の基準値（財務諸表において重要であると判断する虚偽表示の金額）を決定し、この値を基礎として、各財務諸表項目に対する量的なリスクや質的なリスク等を勘案して、重要な勘定を選定する。

【ステップ3】
重要な勘定に関連する重要な業務プロセスを識別し、その業務プロセスについてヒアリングをしつつ、キーコントロールを選定する。統制リスクの評価に要する監査時間は、選定されたキーコントロールの数に応じた時間を計算し、さらに、各キーコントロールの評価に必要な文書化の時間を加算して算定する。また、ITに係る評価に関する見積りも、監査法人内のIT専門家と協議し、考慮する。

【ステップ4】
内部統制が有効であることを前提に、重要な勘定のリスクに応じた実証手続を想定し、その実施に必要な時間を見積る。

【ステップ5】
最終的な監査意見の形成や、監査報告の実施、これらの文書化に係る監査時間を試算する。

【ステップ6】
　上記【ステップ1】～【ステップ5】の時間を合計し、公認会計士監査の監査時間の「通常」ケースにおける試算結果とする。
【ステップ7】
　上記の各ステップにおいて計算した監査時間をもとに、監査人の有する知見の程度や継続監査の効果等を考慮して効率化した場合と増加する場合の監査時間を試算する。

以上の手順で監査時間を試算するにあたり、留意すべき事項は次のとおり。
①　監査時間の試算は、「監査計画」、「統制リスクの評価」、「実証手続」、「監査意見の形成等」の4区分で集計する。
②　「監査計画」の区分には、監査契約の締結、監査の基本的な方針の策定、個別の組合の事業や組織およびその経営環境の理解を通じた財務諸表全体の重要な虚偽表示リスクの評価、固有リスクの評価に加え、リスク評価手続の結果に対応する監査手続の立案や、立案された計画の審査等に関する監査時間が含まれる。
③　「統制リスクの評価」の区分には、主として、監査上の評価対象と識別された業務プロセスに関連する内部統制の整備状況の評価と、運用状況の評価に関する監査時間が含まれる。
④　「実証手続」の区分には、主として、上記により評価されたリスクを総合的に勘案した結果必要となる分析的実証手続や、実査、立会、証憑突合といった詳細テスト等の手続きに関する監査時間が含まれる。
⑤　「監査意見の形成等」の区分には、実施した監査手続の結果を総括し、監査意見の表明に必要な監査事務所における審査や監査報告会、品質管理等への対応のほか、被監査組織から受ける各種の相談対応に関する時間が含まれる。
⑥　上記の各区分において実施される個別の手続きの結果をレビューする時間、監査チーム内での情報共有の打ち合わせ等に係る時間、また、各段階で通常必要となる監事とのコミュニケーションに係る時間等は、それぞれの区分に含まれる。
⑦　本来、「監査計画」の一環であるリスク評価手続のうち、内部統制の整備状況の評価に関しては、その概括的な把握に関連する部分のみを「監

査計画」とし、整備および運用状況を業務プロセスごとに評価する部分は「統制リスクの評価」に係る監査時間に含める。

これは、後者の部分は重要な業務プロセスに対する直接的な評価を含んでおり、同様の性質を持つ内部統制の運用状況の評価とともに統制リスクの評価としてまとめた方が被監査組織の特徴と監査時間の関係をより反映すると考えられるためである。

⑧ また、財務諸表項目に対する実証手続に関して、詳細テストの実施内容、実施時期、実施範囲等に関する検討の一部は、「監査計画」の区分ではなく、「実証手続」の監査時間に含める。

これは、簡単な実証手続の見直しは、厳密には監査計画の範疇に含められるものだが、監査計画の修正は1年間を通じて随時実施され、軽度の手続きの修正はそのなかで行われていることが多く、これらを明確に切り分けることは困難であるという実務的な面に配慮するものである。

⑨ 実際に監査手続を実施するにあたっては、そのプロセスに含まれる監査上依拠できるキーコントロールによって大きく監査時間が変わることが想定されるため、キーコントロールを中心に監査時間を積み上げ、その他必要な時間を加算することで試算する[注2]。

⑩ IT全般統制の評価については、組合の全国統一システムや、都道府県単位の電算センターが運用するシステムのほか、個別に組合で利用されているシステムの状況などを参考に、監査時間を試算する。

具体的には、全国統一システム又は都道府県単位の統一システムを利用している組合の場合には、保証報告書[注3]の利用を前提とし、それ以外の組合については、各組合単位でIT統制の評価を行うことを想定する。

⑪ 公認会計士監査において依拠すると考えられる内部統制が有効であること、重要な虚偽表示、重要な不正事案、継続組合の前提に係る重要な疑義等、重要な懸念事項は存在しないという前提を置く。内部統制の有効性の評価結果は、実証手続の内容、実施時期、実施範囲に影響を与える。

内部統制の有効性の評価手続[注4]の結果、内部統制の不備に関する情報を得て、追加的に手続きを実施することで依拠できると想定された場合には、追加的な手続きに要する時間を考慮したうえで、当該内部統

制は機能し得るものとする。有効な統制プロセスが確認できなかった場合は、監査時間の増加として試算結果に織り込む。
⑫ 「統制リスクの評価」に要する時間数は、組合の業態と内部統制の状況により大きく異なる。

たとえば、事業が多く存在する組合、過去に合併等を繰り返し、拠点が数多く存在する組合、また、ITアプリケーションシステムが複雑であったり、ITの全般統制の対象となる基盤が多く存在したりする組合では、とくに慎重な見積りが必要となる。このような場合には、必要な監査時間を、その状況に応じて追加で見込む。
⑬ 往査拠点については、原則として、重要な事業に関連する重要な支店、支所等に対する3年間でのローテーションを想定する。ただし、すべての拠点に対して3年間ローテーションを厳格に適用すると、手続きが冗長になる場合もあるため、重要な事業ごとに10拠点を超えた場合には、監査チームが通常必要と考えられる水準を想定する。

(注2) 監査・保証実務委員会研究報告第18号「監査時間の見積りに関する研究報告」(2006(平成18)年9月25日、改正2008(平成20)年6月3日、日本公認会計士協会)では、監査上評価対象とした業務プロセスごとに時間を設定している。
(注3) 監査・保証実務委員会実務指針第86号「受託業務に係る内部統制の保証報告書」(2011(平成23)年12月22日、日本公認会計士協会)に基づく保証報告書
受託業務に係る内部統制の保証報告書は、公認会計士又は監査法人が、委託会社である被監査組織の財務報告に関連する業務を提供する受託会社の内部統制に関して、被監査組織とその監査人が利用するための報告書を提供する保証業務に関する実務上の指針を提供するものである。この保証報告書を利用することで被監査組織の監査人は「業務を委託している企業の監査上の考慮事項」(監査基準委員会報告書402 2011(平成23)年12月22日、改正2015(平成27)年5月29日、日本公認会計士協会監査基準委員会報告書第67号)の枠組みにしたがって、十分かつ適切な監査証拠を入手することができる。たとえば、受託会社が複数の被監査組織に対してサービスを提供し、かつ、各被監査組織の監査人が受託会社の提供するサービスを財務報告に係る内部統制に関連するとして監査上評価の対象に含めた場合に、この報告書を複数の被監査組織の監査人がそれぞれ独自に評価する場合に比べて、監査時間が少なくてすむことが多い。
(注4) 業務フローを理解し、内部統制の整備状況を確認する監査手続は、ウォークスルーと呼ばれている。

(3) 監査時間増加の要因

公認会計士監査では、中央会監査と比較して、監査計画、統制リスクの評価、実証手続の監査時間が増加する。監査時間の内訳の構成割合については、公認会計士監査は、統制リスクの評価時間の割合が高く、実証手続時間の割合が低い。これは、公認会計士監査では、リスクアプローチの枠組みが導入されてからすでに相当の期間が経過しており、内部統制評価に関する枠組みが監査実務に浸透している一方で、中央会監査では、現在、リスクアプロー

チの徹底・高度化を継続的に図っている状況にあり、相対的に実証手続時間の割合が大きくなっていることが背景にあると考えられる。

　また、中央会監査においては、監査対象となる本決算の財務諸表に加えて、中間仮決算時点の財務諸表に対する手続き等を実施する場合があることなども実証手続割合が相対的に大きくなる背景にあると考えられる。

　中央会監査は、業務監査により不正などへの対応をしている面があり、たとえば、業務の改善状況について取引記録や勘定残高を検証することにより、不正の兆候の有無の検出等を視野に入れた実証手続の設計が含まれているとも考えられる。なお、業務監査として実施している時間のうち、勘定科目や取引記録の検証に関連する手続きに係る時間は、中央会監査の会計監査の時間に含める。

　公認会計士監査の前提となるリスクアプローチにおいては、リスクの評価手続と、リスクに応じた実証手続に関する監査計画の立案が必要になるが、とくに初年度においては、事業、事業環境、勘定科目の特性、業務プロセス、内部統制、キーコントロール等の把握、実証手続の実施方法の検討等、監査調書としての文書化等の対応も必要と考えられる。

　また、公認会計士監査を受けるJA側においても、監査に係る質問に対する回答や資料準備、整理、提供、説明等の対応が必要と考えられる。このような点は、公認会計士監査における監査計画・統制リスクの評価・実証手続に関する監査時間が、中央会監査に比べて増加する要因になると考えられる。

　他方、リスクアプローチにおいては、リスク評価・対応としての内部統制の整備・運用状況の評価手続を相応の監査資源をもって講じた結果として、たとえば、リスクが低いと判断した勘定科目や領域については、当該リスクに応じた実証手続を講じることができる。このような公認会計士監査のあり方は、中央会監査に比して、実証手続の監査時間が減少する要因になると考えられる。

　また、公認会計士監査では、監査人と被監査組織の間で契約を行い、毎期の契約更新手続も必要となる。これには、契約書の作成など事務的な対応に限らず、監査契約に係るリスク等の検討を通じて契約受嘱の可否を判断する手続き等を含む。この点、中央会監査と比較した場合、公認会計士監査の監査時間の増加要因となると考えられる。

(4) 品質管理の時間

　品質管理に関する時間は、監査意見の形成の時間に含めている。日本公認会計士協会や金融庁などの外部検査を念頭に、一般に公正妥当と認められる監査の基準に準拠して、リスク評価・対応手続の設計と実施、監査調書の文書化などを含めた諸対応の検討、上位者のレビュー手続など、品質管理に係る時間が、これに含まれる。このため、監査意見の形成に係る公認会計士監査の監査時間は、中央会監査の監査時間に比して大きくなる。

　また、公認会計士監査において、会計上の懸案事項に関するJAからの相談対応に要すると見積られる時間や、会計基準等の改正などに適時に対応するための時間も、監査意見の形成の時間に含める。他方、全国中央会には、監査担当部局以外に経営指導担当部局が行う経営指導の一環で、会計・税務を含んだ各種の改正等について示すとともに、JAからの相談を受ける業務があるが、これに係る時間の集計・見積りが困難なことから、中央会監査の監査時間には含んでいない。

(5) 合併直後のJAと大規模JA

　合併直後のJAは、合併から年数を経過しておらず、未だ多くの業務プロセスが統一化の途上にある。合併前の複数のJAにおいて運用されていた業務プロセスに係る内部統制について、異なる内部統制として評価することや、証憑類の保存の状況等も合併前のJAごとに異なり、他の調査対象JAより実証手続により多くの時間を要する。

　大規模JAは、組合員数、管内面積、施設数も多く、重要な経済事業の数・種類・規模ともに、大きくなっている。取引・残高規模が大きく、多数の拠点、複数の会計単位、統一化途上の業務プロセスといった点が、公認会計士監査の監査時間の増加要因となっている。

(6) リスクアプローチの差

　公認会計士監査において、重要な経済事業の数が増えるほど監査時間が増加する傾向にあるのは、リスクアプローチが高度に実施されていることによる。すなわち、リスクアプローチ監査では、重要な経済事業の数が増えるに伴って、内部統制の評価や、取引記録、勘定残高等に関する実証手続に必要な時間も増えるためである。

他方、中央会監査では、監査時間と重要な経済事業の数との間に明確な関係が見られないが、これは、中央会監査がリスクアプローチの徹底・高度化の途上にあり、公認会計士監査と比較して、実証手続に重きをおいた設計がなされていることが背景にあることによるものと考えられる。

(7) 重要な経済事業のキーコントロールの数と監査時間

経済事業の複雑性等によっても監査時間は変化する。経済事業が複雑な場合には、業務プロセスの財務報告に関連する情報の転換点が多くなるなど、複雑性に応じてリスクが多く識別される。その結果、識別されたリスクに対応するキーコントロールの数が増え、統制リスクの評価等により多くの監査時間が必要になるとともに、経済事業に関連する重要な勘定科目の数が多くなり、実証手続に要する監査時間の増加につながる。

公認会計士監査では、重要な経済事業の数よりも、重要な経済事業のキーコントロールの数の方が、監査時間との相関性が強く確認された。このことは、重要な経済事業の数だけではなく、その複雑性も強く監査時間に影響をおよぼしていることを示している。

(8) 情報の転換とリスク

財務報告に係る内部統制評価の枠組みの理論的な背景においては、一般に情報の転換点において誤りが生じるリスクが高まるといわれる。業務プロセスにおいて、ある取引が発生した場合に会計処理されるまでのプロセスが複雑であるとすると、転換点がその分増える可能性が高まることが想定される。

たとえば、ある物品の売買取引に関して、取引時に取引数量や価格が確定する場合と、取引後に価格改定が想定される場合があるとすれば、一般的に後者の方が、価格改定が存在することに対応しその業務プロセスは複雑であるといえ、一旦価格を登録した後に、改定に伴って価格を登録する分、情報の転換が多いことになる。この場合、改定した価格の登録漏れ、登録ミス、登録遅れなどのリスクが増える。業務プロセスは、このように増えたリスクに対応し、統制手続を必要とすることとなる。

(9) 業務プロセスの統合

複数の重要な経済事業の業務プロセスを統合し、監査上一つのものとして

評価できる状況にすると、キーコントロールの数が減少する。また、業務プロセスを見直して単純なものとすることにより、キーコントロールの数を削減し得る。

　したがって、業務プロセスの統合による重要な経済事業の数の削減と、重要な経済事業内での業務プロセスの単純化の二つの方向から、キーコントロールの数の削減を通じて、監査時間を低減させ得る。経済事業の規模が大きくても、独立した事業として識別される経済事業の数が少なく、また、その業務プロセスの複雑さも低い場合には、キーコントロールの数が少なくなり、公認会計士監査の監査時間は、経済事業規模に照らして抑制的になり得る。

　公認会計士監査の監査時間は、重要な経済事業の数とその複雑さ、また、それらによって決定される業務プロセスのキーコントロールの数が主要な要素となって決定される。このことは、重要な経済事業の業務プロセスの統合・均質化を図ったり、キーコントロールをまとめて評価できるように業務プロセスを統合したりすることができれば、監査をより効率的に遂行し得ることを示唆している。

(10) 会計士監査が定着した段階

　会計士監査が定着した段階では、支店などのローテーション往査等も一巡していることが想定され、過去の監査経験から、拠点における内部統制や会計処理に関する相当程度の心証をもって監査計画を策定することができる。

　また、JA側の監査対応も、拠点を含めた組織全体において浸透し、JAは監査上求められる資料や回答を事前に予想することができる。対策の効果が発現したうえで、3年が経過した後には、公認会計士監査の監査時間は中央会監査の監査時間とほぼ同水準かそれ以下に抑えられると見通される。

　このことは、公認会計士監査への制度移行は、必ずしもJAの多くにとって大きな負担の増加にはならず、一定の時間が経過し効率化が進行した場合には、監査時間が現状よりも減少するJAがあるものと推察される。

(11) 監査時間の増減

　リスクアプローチの枠組みのもとでは、重要な経済事業の数やその複雑さが、監査上評価すべき重要な業務プロセスやキーコントロールの数等、統制リスクの評価項目を増加させ、それに伴い実証手続の項目も増える。中央会

監査の監査時間と比較して、以下を主要因として増減する。

【増加要因】

① 公認会計士監査が制度として新たに導入されることから、公認会計士監査はJAの監査に関して、必要な理解、検討、対応の時間を要するところがあるとともに、とくに初年度は監査調書等の文書化の時間も要する。

② JA側においては、公認会計士監査への対応が初めてとなるため、資料の準備や質問事項への回答などに時間を要するところがある。

③ 公認会計士監査のリスクアプローチの枠組みにおいては、リスクアプローチの徹底・高度化の取組過程にある中央会監査に比べて、統制リスクの評価に係る時間を要するところがある。

④ 公認会計士監査では、監査契約を毎年締結する等、固有の手続きが必要となる。

⑤ 公認会計士監査で求められる品質管理の要求に応えるための監査時間が必要となる。

【減少要因】

① 公認会計士監査のリスクアプローチにおいては、統制リスクの評価等を通じて、リスクの程度に応じた実証手続を講じることから、リスクアプローチの徹底・高度化の取組過程にある中央会監査に比べて、実証手続に要する監査時間（あるいは監査時間割合）は概して減少する。

4 監査費用を低減させるための方策

　監査費用は「監査時間×報酬単価＋交通費等」によって定まる。このうち、交通費等は、監査事務所の所在地によって差が生じているが、契約を含めて交通費などの精算に関する監査実務はさまざまであるため、個別の対応による低減が図られることが期待される。

　また報酬単価については、実際には個別の契約によるところが大きいものの全体的な傾向としては、公認会計士監査と中央会監査のどちらかに高低の偏りがある状況ではないとされている。

　他方、監査時間については、通常ケースにおいても公認会計士監査の監査時間は中央会監査の監査時間と比較して増加する。したがって、制度移行に伴ってJAの監査費用負担が増加するとすれば、この監査時間の増加がもっとも大きな要因になる。

　財務諸表監査では、財務諸表の作成責任や財務諸表に重要な虚偽表示がないように内部統制を整備・運用する責任は経営者にあり、監査人には独立の立場から財務諸表に対する意見を表明する責任がある。このように、財務諸表監査においては、経営者、監査人、それぞれに果たすべき責任がある（二重責任の原則）。

　したがって、財務諸表監査は、財務報告主体あるいは監査主体の一方的な意識や取組みを通じて実現するものではない。

　このような背景から、公認会計士監査制度への移行にあたり、JAの監査費用の負担を抑えるには、JA側と公認会計士側の双方の取組みが必要である。JA側の財務報告に係る適切な態勢と公認会計士側の監査品質を担保することが肝要であるということを前提として、両主体の協力や各関係機関における対策等により、制度移行に伴うJAの費用負担の低減が可能であると考えられる。

4-1 事業体制・事業内容

(1) 重要な事業や支店間での業務手順・統制手続の統一

　公認会計士監査の監査時間は、とくに重要な経済事業の数とキーコントロールの数に影響を受ける傾向にある。すなわち、信用事業や共済事業においては、全国のJAで統一的な事務処理や内部統制が概して整備・運用されている一方で、経済事業については、各JAによりその内容や規模が異なっており、重要な経済事業の数、キーコントロールの数が多いJAでは、公認会計士監査の監査時間も大きくなる傾向がある。

　これは、たとえば購買事業に複数の事業が含まれる場合に、それらの業務を統合したり、共通のコントロールを設定したりすることで業務および統制の統一化、均質化を図ることができれば、内部統制の評価に係る監査時間を抑制し得ることを意味している。

　また、これまでの合併等の経緯から支店間などで業務プロセスにばらつきがあるケースや、会計単位が複数あるケースがある。このような場合、同質性が高い経済事業であっても、支店間で業務プロセスが異なると、内部統制の評価等において別のプロセスとして取り扱わざるを得ないケースもある。この場合、支店間の業務手順や統制手続の整備および運用を統一化することで、監査時間を削減することができる。

(2) 現行の中央会監査における指摘事項への着実な改善対応など、内部統制・決算開示体制の整備

　現行の中央会監査において、JAに対して内部統制の不備や財務報告上の改善要求が指摘されている場合には、それらに速やかに対応し、内部統制・決算開示体制を改善しておくことが、公認会計士監査の監査時間の削減につながると考えられる。たとえば、資産査定資料における債務者区分の判定理由に関する不十分な記載や、固定資産実査の未実施、棚卸実施マニュアルの未作成など、改善する余地があると思われる。

　公認会計士監査制度において、監査人は、すべての会計記録を見ることを前提とせず、勘定科目や内部統制の状況等に基づくリスクの所在や程度に応じて、原則として試査により必要な監査証拠を入手し、監査意見を形成するに足る基礎を得る。監査の過程で内部統制の不備や会計処理の誤りが判明し

た場合、その原因究明と改善対応の評価手続や、監査計画の修正（たとえば、検証範囲を拡大して、虚偽表示リスクが許容できる水準であることを確かめるための追加手続の実施）が必要になることが多く、その場合、公認会計士監査の監査時間は増加する。このため、現行監査の枠組みである中央会監査における指摘事項について、公認会計士監査への移行に先立って改善対応を行っておくことは、公認会計士監査における監査時間の抑制に資すると考えられる。

逆に、たとえば識別された内部統制の不備等に対して改善されない状況が継続することは、当該状況に応じたリスク相応の監査手続を計画することになり、公認会計士監査の監査時間の増加要因になる可能性がある。

(3) ITシステムの活用による業務処理の自動化の徹底

ITシステムの全般統制が有効に機能していることを前提とすれば、そのシステムの自動処理機能を積極的に活用することで監査手続が効率化することは多い。人手による統制に比べてシステムの自動処理機能は一貫した処理の反復継続性があるため、内部統制の運用評価手続において、テストの件数を削減できる。

JAは信用事業、共済事業、経済事業と多様な事業を行っており、各事業において取引の管理システムを有していることが多く、JAによっては、会計システムにその取引記録を記帳する場合に、人手による転記が行われているケースがある。

大量の取引記録を人手によって会計システムへ転記入力する場合には、エラーが生じることもあるため、入力者と別の者がまたこの転記の正確性などを確認する統制が必要となるが、人手による統制であるため、監査上は、当該転記入力に対する統制手続を母集団としてサンプリングを実施し、内部統制の運用評価手続を行うことになる。

一方で、システム間のデータを同期するためのインターフェースを設け、自動で転記が行われる場合には、ITシステムに係る全般統制が有効である限り、そのプログラムに変更がないことを条件として1件のテストを行えば、反復継続性があるものとして取り扱うこともできる。このようにテストの件数を縮小できる分、監査時間も抑制し得る。

(4) JA間における連携・協力

　業務プロセスの見直しや、ITシステムの導入などに係る取組みは、各JAの業務部門ごとに実施されていることが多い。各JAの事業のなかには、監査上は重要な業務プロセスとして識別されるものの、システムの投資ができるほどの事業規模ではないと業務部門内で判断されていることもある。しかし、異なるJAにおいて同種の事業を抱えるケースは多く、この点においてJA間の連携・協力を通じて業務合理化のためのコストを抑えることが可能と考えられる場合もある。

　たとえば、福祉や葬祭に係る事業を行っている場合において、人手で作成した表などで事業を管理している場合がある。管理のためにITシステムを導入できれば業務が合理化し、監査上も監査時間を抑制できる部分があるものの、初期投資等の負担を勘案し、合理化投資ができずにいるケースがあるが、他のJAにおいても同種の事業を抱えている場合があるため、このようなJA間の連携を通じてシステムの導入のためのコストを分けて負担したり、すでにシステムを導入しているJAの事例を参考にすることで導入コストを抑えたりすることも選択肢の一つである。

　業務プロセスの統合や再編などにおいても、同様のことがいえる。同種の事業を抱えているJA間の業務プロセスを比較し、管理状況が良好で省力的な業務プロセスに係る情報を相互に交換し、もっとも合理的と判断される業務プロセスに変更・統合することで監査上のキーコントロールを削減できる可能性はある。

　このように同種の事業を有し、課題を共有できるJA間の連携・協力を行うことで、監査時間の抑制効果が期待できる。

4-2 監査への対応体制

(1) 組合長をはじめ管理部門における組織的な監査対応の必要性への理解と対応体制の整備

　組合長をはじめとするトップ層が、中央会監査から公認会計士監査への制度移行に対する十分な理解を有し、組合長等の主導・指示のもとで、制度移行に先立つ組織的な監査対応体制の整備、具体的な諸対応（中央会監査・監事監査・内部監査等の過程で判明している論点や課題への対応、業務プロセ

スの統一化の取組み等を含む）を推進することは、円滑な制度移行と監査の効率化を実現するための重要な基礎になると考えられる。

　また、公認会計士監査における監査計画には、その前年度の監査実績が大きく影響する。前年度の監査における被監査組織の対応の良否は、そのなかでも重要な一要素となる。とくに、初年度の監査の実績は、2年目以降の監査時間の見積りの修正の基礎となり、通常、効率化の見込みをもっとも反映する可能性が高い。

　したがって、制度移行の初年度の段階において、上記のような組織的な対応により、適時かつ適切に監査人の要求に対応できる体制を整備しておくことが、監査時間の抑制につながる。

(2) 財務報告に関する証憑や内部統制に関する証跡の保存、整理の徹底

　監査人が、内部統制の評価手続、取引記録の検証や勘定残高の検討等の実証手続を講じる場合、実際の統制行為、取引の金額・時期・内容、勘定残高・内訳等を裏付ける証憑を入手し、その閲覧や関連証憑・帳簿との照合等を実施することが一般的である。

　仮に、証憑等の提出の遅延や認識の食い違いなどが生じると、手待ちや手戻りを通じて、時間的な効率性が阻害される。したがって、書類や電子データなどの形式を問わず、取引の開始承認、契約、納品、請求、会計処理、開示書類等の証憑や証跡の保存を徹底するとともに、監査において求められた証憑・証跡を適時に提出できるよう予め整理をしておくことが、円滑な監査の実施に資する。

(3) 三様監査と共通システムの保証報告書

① 内部監査、監事監査および公認会計士監査の連携体制の構築（いわゆる「三様監査」）

　　JAの内部監査や監事監査は、公認会計士監査と目的を異にする部分もあるが相互に関連する部分も多い。たとえば、不祥事を隠ぺいするために不適切な会計処理が行われるケースなどは、内部監査や監事監査の業務監査において検出した不祥事に関して、公認会計士と適時に連携することによって、財務報告にあたって重要な虚偽記載を未然に防ぐことが可能な場合もある。

また、公認会計士監査においても、検出した矛盾点などを監事や内部監査部門と連携することによって、早期に対応・解決できる可能性がある。裏返せば、これらの連携が十分に行われない場合には、それぞれが個別に課題を検出し、解決するための手続きが必要になる。
　このように、内部監査、監事監査および公認会計士監査の3者（三様監査）の間で、監査に関連する連携体制を構築することは、各監査主体の監査の有効性を高めるだけでなく、監査時間の低減につながり得る。

② **全国/県域の共通システムの内部統制評価の効率化の枠組み（システムの運用主体による受託業務に係る内部統制の保証報告書の入手等）**

　JAの事業や財務報告に関するシステムの利用形態には、大別して、全国レベルでの共通システム、都道府県単位の電算センターで提供されるシステム、JAごとに固有に利用しているシステムがある。
　これらのシステムのなかでも、JAの事業や財務報告に関連するシステムについては、監査上、内部統制の整備および運用状況に関して評価の対象になる可能性がある。このうち、全国レベルと都道府県単位レベルのシステムなど、複数のJAにおいて共通的に利用されているシステムの内部統制評価においては、たとえば、下記のような対応を講じることで、監査に係る負担や時間を抑制することができると考えられる。

　ⅰ）86号報告書（18頁（注3）参照）を対象システムの運用会社が入手する
　ⅱ）その他、「信用金庫監査における共同事務センターの内部統制のあり方」（日本公認会計士協会　業種別委員会報告　第5号）にある、共同方式・合同方式・センター監査人方式といった、特定のあるいは複数の監査人による評価手続や当該評価結果の共有等の実務対応を講じる

　逆に、上記のような枠組みがまったくないとすると、システム運用会社に（当該システムに係る統制評価が必要と認めた）複数の監査人が重複して評価手続を実施する状況となるなど、監査負担、監査時間の増加要因になり得る。
　以上を踏まえ、全国システムおよび県域システムについて、受託業務に係る内部統制の保証報告書の利用が前提となる。なお、システムを運用している電算センターが保証報告書を取得するための費用は、電算セ

ンターの利用料等に含められることが想定され、そのシステムを利用するJAの数など、各都道府県の状況によって、各JAの費用負担も異なってくることに留意が必要である。

(4) JAの事業、会計実務等に関する知見の事前取得

JAの事業には、信用事業や共済事業に加えてさまざまな経済事業があり、これを取り巻く経済環境や法令等の規制環境にはJA特有の事項がある。

たとえば、事業利用分量配当や共同利用施設の共用資産としての取扱い等、JA特有の制度や会計上の取扱いに加え、地域や農産物ごとの取引慣行等も見受けられる。

公認会計士は、法定監査制度として初めてJA監査を行うことから、JAの事業、事業環境、取引、内部統制に対する理解や特有の財務・会計処理等に関し、職業的専門家として必要な知見を高めてゆくことが必要と考えられる。また、このことは、監査の有効性と効率性の向上に資するものと考えられる。

適切な監査の遂行を実現する観点から、公認会計士自身の自己学習・研鑽が必要なことはいうまでもないが、「農業協同組合の会計に関するQ&A」(日本公認会計士協会 非営利法人委員会研究資料第2号)の更新や公認会計士による監査遂行を支える一定の指針や参考に資する情報提供と、それらを周知・共有する研修会の開催などの取組みを期待したい。

(5) リスクアプローチの徹底

リスクアプローチを徹底し、重要勘定や財務報告の重要な虚偽表示リスクを見極め、リスクの程度に応じた監査手続の軽重を熟慮することが、有効かつ効率的な監査の遂行に資する。

たとえば、公認会計士監査の初年度の監査経験や実績を翌年度の監査計画にいかしながら、リスクに応じた監査対応・監査手続を選択することで、高リスク領域に対する適切な対応が可能になるとともに、低リスク領域に対する冗長な対応を避けることができ、監査時間の抑制に資すると考えられる。

(6) JA側の整理、準備期間の確保

監査上要求する資料や質問事項の事前依頼等、監査の段取りを徹底することで、監査を受けるJA側も、適切な資料の提出や質問に対する回答が可能

になる。このため、監査を行う監査人側では、監査を受けるJA側に資料の用意・質問の回答に十分な余裕を与える必要がある。

実務においても、事前依頼の徹底で効率的なコミュニケーションを実現している監査現場と、そうでない監査現場とでは、監査の効率性に違いが見られる。公認会計士監査への移行の初年度という背景もあり、資料依頼や質問を受けるJA側にとって経験のないものも想定される。

(7) 内部統制や財務報告の基礎資料等に関する指導的機能の発揮

JAが適正な財務報告を行い、監査対応を効果的・効率的に遂行するために監査人が指導的機能を発揮することは、社会的に期待される公認会計士の役割の一つである。

具体的には、監査の独立性を阻害しない範囲で、監査上検出された事項に係る対応の協議の他、証憑の管理方法、内部統制の手法、決算等の根拠資料の作成、決算スケジュール等に関して、公認会計士が自らの経験と専門的知見を活用し指導的機能を発揮することは、JA自体の内部統制の有効性や監査対応の効率化に資すると考えられ、ひいては監査時間の抑制につながる。

4-3 制度面での改善が考えられる事項

(1) 全国中央会から公認会計士に対して必要な引継ぎがなされるための環境の整備

公認会計士監査制度の枠組みにおいては、「監査人の交代」(監査基準委員会報告書900)により、監査人が交代する場合には監査業務の十分な引継ぎを行うことが要求されている。今回の制度移行においても、新たにJAの監査を行うこととなる監査人が、これまで監査を行ってきた全国中央会から当該JAの経営環境や監査上の論点等について引き継ぐことが、監査の円滑な継続に必要である。しかしながら、同報告書は、公認会計士間での引継ぎについて定めたものであり、そのままでは、今回の制度移行は包含されない。

このため、全国中央会を同報告書における前任監査人に準じた取扱いとするとともに、今回の制度移行における守秘義務の扱いについて整理する等、監査人予定者と全国中央会との間で監査業務の十分な引継ぎが実施される環境を整備することが、監査の質の確保と監査時間の低減の両面において有効

と考えられる。

(2) 附属明細書の簡略化等、計算書類の様式の修正

2015(平成27)年度の農協法改正により、JAの監査は中央会監査から公認会計士監査へと移行することとされたが、これに伴い、監査対象となる財務諸表の範囲は、「計算書類及びその附属明細書」と定められ、事業報告を含んでいた改正前の農協法と比較して縮小された。

しかし、農協法施行規則においては、計算書類の附属明細書に記載すべき事項として、組合員資本の明細、有形固定資産および無形固定資産の明細、外部出資の明細、借入金の明細等の各種明細の他、主要な事業に係る資産および負債の内容並びに品目別の取扱高等を表示することが定められており(農協法施行規則第141条)、これらは、公認会計士監査への移行後も、財務諸表監査の対象に含まれることとなる。

これらのうち、「主要な事業に係る資産および負債の内容並びに品目別の取扱高等」については、信用金庫や一般事業会社等においては監査対象には含まれない(あるいは記載を要しない)のに対して、JAでは当該記載項目が監査の対象となっており、監査範囲もその分広範囲となる。

今後、農協法施行規則の改正により、計算書類の附属明細書の記載事項の簡略化等が行われれば、監査時間の抑制が期待できる。

(3) その他(JAおよび公認会計士双方における費用負担低減策の取組みの促進)

上記(1)および(2)で示した対策は、監査を受けるJA側と監査を行う公認会計士側の双方が、二重責任の原則をよく理解し、各々に求められる事項に主体的に取り組むことによって、有意な効果を発現するものである。

5 監査時間低減のためのポイント

5-1 内部統制に関する事項

(1) 各種資料等に係る検証手続

　財務諸表作成に係る各種の資料（実査や立会等の現物確認に係る資料、取引証憑）において、たとえば内容確認が未実施のケース、適切な役席者や実施者以外の者の関与がないケースなど、内容確認などの手続きにおいて課題があると監査時間が増加する要因となる。

　適切な検証手続がない場合には、その検証を前提とした内部統制に依拠することができない。そこで、適切に検証された別の資料やデータを用いるか、もしくは実証的に資料やデータの正確性・網羅性を検証することとなる。

　対応策としては、資料・データに係るダブルチェックやその内容に応じた適切な役席者の関与を徹底することが考えられる。また、チェックの方法や体制の構築においては、現場に一任せずに、財務報告にいたる全体のプロセスを正しく理解している者を関与させることが望ましい。

(2) 統制証跡の保管に関する事項

　取引証憑を含む財務諸表作成に係る各種の資料に関する内容確認などの統制手続において、その統制証跡が適切に保存されていないために、監査において統制を確認することができないなど、監査時間の増加要因となる。たとえば、統制証跡の記載をしていないケースや記載漏れが散見されるケース、統制手続の後に証跡ごと廃棄しているケースなどが含まれる。

　このような場合には、監査主体が内部統制を評価する際に、その統制が実在していることを確認することができないため、別の代替的な統制を組み合わせて評価するか、もしくは実証的に監査手続を行うことにつながる。その内容によっては、監査時間への影響が大きいものもある。

　対応策としては、財務諸表作成に係る各種の資料に関する内容確認などの統制手続に関する統制証跡を適切に保存することが考えられる。

(3) 取引証憑の保管に関する事項

　一部の取引証憑が未入手であり、代替的な取引証拠の入手・作成もないなどは、監査時間の増加要因となり得る。取引証憑がない場合には、会計処理の根拠を確かめる代替的な監査手続を策定・実施することとなるが、このような取引の時期や金額の根拠を間接的に確認する手段を複数組み合わせたうえで総合的な判断を追加的に必要とする場合も多い。

　たとえば、事後的な決済の状況や取引先への直接的な確認手続などを組み合わせるなど、直接取引証憑を利用できる場合に比べて監査手続が増える。

　対応策としては、取引証憑を適切に入手し、保管することが考えられる。

(4) 資産査定に関する事項

　資産査定の資料の記載内容に債務者区分の決定要因の記載が不明瞭であるものや、査定手続に係る担当者の理解不足、債務者の名寄せ手続に係る手順が未策定となっているために生じる同手続がばらついているなどは、監査時間の増加要因となり得る。

　債権の査定においては、適切な名寄せ手続によって該当する債務者に対する債権総額が明らかになり、債務者の財務内容や収支状況を勘案して債務者区分を判定し、担保等の状況を考慮したうえで、貸倒引当金の設定等の根拠としている。監査人はこのプロセスが適切かを確認したうえで、その結果を利用することとなる。そのため、名寄せ手続が不明瞭である場合や、債務者区分の判定根拠が不明瞭な場合、担当者への質問に対して判定根拠が明瞭に回答されない場合などには、監査人は、これらが適切に実施されたか確認することが必要となる。

　対応策としては、資産査定手続の目的や債務者区分等の各種判定にかかる手順の背景までの理解を促進し、一連の資産査定手続の結果、目的に適った資料を作成しているか見直すことが考えられる。

(5) 業務手順・統制手続の統一に関する事項

　同一の業務について、部署や地区ごとに業務手順・統制手続が異なっているために、内部統制の評価単位が増加するなどは、監査時間の増加要因となり得る。

　たとえば、全部署において共通する資料の確認作業を業務所管部署ごとに

実施しているが、確認の内容や手順が所管部署ごとに異なるケースなどが含まれる。

　監査上は、業務手順や統制手続が同質な場合に一つの母集団として、その中からサンプルを入手し、そのテスト結果をもとに母集団全体で統制が効いているかどうかを評価する。これらが異なっていると評価単位を切り分けるため、その分監査上の作業が増え、監査時間も増加する。

　対応策としては、本来想定していた業務手順・統制手続が各拠点において一貫して適用されているかについて確認することが考えられる。

(6) 資産の現物管理に関する事項

　資産の管理台帳と現物の対応関係の明瞭化や、資産の実在性等の確認手続において課題があると、監査時間の増加要因となり得る。多くの実物資産を含む資産科目の監査に際しては、その管理台帳を利用して手続きを実施することが一般的である。しかし、その台帳を利用するためには管理台帳が実物資産と対応していることを前提とする。

　たとえば、棚卸資産に係る受払台帳の期末日の残高が棚卸の実施結果と整合しているかどうか、固定資産台帳が固定資産の利用状況を反映しているかどうかを確認する必要がある。資産の管理台帳と現物の対応関係が不明瞭である場合や定期的な現物確認が実施されていないために対応関係を適切に担保できていない場合などには、その確認を追加的に実施するため監査手続が増加する。

　対応策としては、現物の所在と管理台帳の対応関係を定期的な現物確認を通じて確認しておくことが考えられる。とくに固定資産は償却開始時期などによって帳簿価額が異なってくるため、利用単位で登録し財産番号を付した管理が励行されるよう留意したい。

(7) リース取引に係る手続きの整理に関する事項

　リース取引に係る会計基準適用の判断手続に課題があると、監査時間の増加要因となり得る。リース取引に係る会計処理の類型の判別に係る手続きがJA内で整備および運用できているかどうかについて慎重な検討を要するため、JAにおける判定作業の後に実証的にその妥当性を確認する。

　対応策としては、現存する契約内容についてリース会社の協力を得て確認

するとともに、新規契約の判定に係る手続きを整備・運用することが考えられる。

(8) 業績に係る分析に関する事項

一部の事業の業績に係る分析などが未実施となっている場合は、公認会計士監査において効率的な分析的手続の実施が困難となり、より時間を要する手続きの選択を余儀なくされることから、監査時間の増加要因となり得る。ある数値に対する一定比率で金額が計算されるような取引では、その関係を利用して監査人自ら推定値を算出のうえ決算数値との比較分析を行えるかどうか検討することが可能である。

また、概括的に異常点がないかを確認するために分析を実施することを計画する場合もある。このような場合に、JAにおける分析が未実施であれば、監査人が自ら分析を網羅的に実施する必要がある場合も考えられる。

対応策としては、業績の定期的なモニタリングにおいて、各種の財務数値の増減にかかる定量的な分析が実施できているかを確認し、分析の不足があればそれを補うことが考えられる。

(9) 委託業務の内部統制に係る評価に関する事項

一部の業務を外部に委託している場合に、その業務内容の正確性や網羅性などについて確認手続が未実施となっているなどは、監査時間の増加要因となり得る。外部委託した業務に係る統制手続がない場合には、その業務の結果を実証的に確認することとなるため、その業務に係るJAの内部統制に依拠して監査を行う場合と比べて監査時間が増加する

対応策としては、委託業務に係る確認の態勢を構築することが考えられる。なお、外部委託部分をJA内で実施することも視野に入れた検討を行うことが考えられる。

5-2 会計処理に関する事項

(1) 資産の評価に関する事項

資産の評価手続において、評価の範囲・方法やプロセス、資料の作成状況、損失の確定時期や、これらの規程の整備状況に検討を要する点があると、監査時間の増加要因となり得る。

たとえば、決算期末における棚卸資産の評価方法に係る例外的な処理の採用や低価法の適用範囲、固定資産の減損損失の検討におけるグルーピングやキャッシュ・フロー見積りの精緻化、内部利益の消去に係る状況等に慎重な検討を要するケースが主な内容である。監査対象年度のみならずその前年度の貸借対照表価額に関する検討も要するため、改善されずに公認会計士監査の導入年度を迎えると監査時間に与える影響は大きい。

対応策としては、資産の項目別に適用されている評価方法が、現行の会計基準との比較において、その経済的な実態から原則的な処理方法として適切であるかについて確認することが考えられる。

(2) 会計上の見積項目に係る決算態勢の整備に関する事項

会計上の見積りにおいて、一部の項目に対する見積りが省略されているものや、見積方法の精緻化が望まれるもの、会計基準との整合性に係る説明が不充分である場合は、慎重な検討を要するために監査時間の増加要因となり得る。会計上の見積項目は、一般に会計基準や計算構造が複雑であることから、公認会計士監査の導入初年度ではもともと一定の監査時間を要することが想定される。

これに加えて、見積方法などについて、会計基準やその適用指針などとの整合性が明瞭でない場合にはより慎重な検討を必要とする場合が考えられる。

対応策としては、見積項目の性質に応じた見積りの範囲や方法などが会計基準と明瞭に整合しているか確認することが考えられる。

(3) 収益および費用の期間帰属に関する事項

経過勘定に係る未処理項目、締め後取引の未処理などを含めて一部の取引に係る収益費用の期間帰属に係る確認手続を省略している場合があるが、そ

の重要性に係る検討が十分に行われているか確認できない場合には慎重な検討を要することから、監査時間の増加要因となり得る。経過勘定処理や締め後取引の処理などの収益および費用の期間帰属に係る決算処理は、一般的にその影響が重要でない場合にのみ省略できる性質のものである。未処理となっている場合にはその妥当性を確認する手続きが必要となる。

　対応策としては、JAにおいて、決算未処理額を集計したうえで、影響の重要性を確認することが考えられる。

(4) 財務諸表の表示に関する事項

　財務諸表における科目表示等において検討を要すると考えられる事項が見受けられると、監査時間の増加要因となり得る。

　たとえば、会計方針の注記が実際の適用状況と異なるケースや、科目の適用において課題があるケース、内部取引を含めて、総額・純額表示の根拠について慎重な検討を要するケースが含まれる。最終的な成果物である財務報告書類の表示が適切でなければ、利用者に誤解を与えることとなるため、慎重な検討が必要となる。

　対応策としては、財務諸表の表示に関連する会計基準などとの整合性を確認し、整合が不明瞭なものについて明瞭に確認できる状況としておくことが考えられる。

5-3 ITシステムに関する事項

(1) ITシステム関連の管理態勢に関する事項

　ITシステムに係る管理態勢の整備・運用等に課題があると、監査時間の増加要因となり得る。

　たとえば、ITシステムに係る管理規程や外部委託に係る管理態勢の整備・運用に課題があるケースが典型であるが、電子データの監査人への受け渡しが困難で、監査側の効率性を低下させるケースも含まれる。ITシステムに係る内部統制に依拠することができれば、自動化された統制の評価手続により、手作業による統制の評価手続と比べ、監査手続が省力化される。また電子データの入手が可能となることで、分析や抽出作業等を円滑に遂行することができる。このようなことから監査時間に与える影響は大きい。

対応策としては、外部委託している部分も含めてITの全般統制の整備・運用を改善すること、また適時に電子データの受け渡しができる態勢を構築することが考えられる。

(2) ITシステムによる処理の自動化に関する事項

システム間のデータの同期処理の自動化が未了であると、監査側の内部統制評価の効率化に時間を要するものである。多数のデータを含むシステム間のデータの同期処理が人手による場合には、入力作業とそれに対応する統制手続も多数におよぶことが想定される。現在人手によっている作業について、ITシステムを用いて処理を自動化できる部分が多い場合には、それを推し進めることで、得られる監査時間の低減効果は大きくなる。

なお、そのITシステムの自動処理機能の継続的な運用を支えるITシステムに係る全般統制が有効であることが前提となることに留意が必要である。

対応策としては、データの同期処理の自動化を推進することが考えられる。

5-4 組織的取組みと内部監査への対応

(1) 監査制度移行に係る組織的な取組みに関する事項

監査制度移行に係る取組みが、組織全体の横断的な取組みとして計画的に推進されていない場合、一部の業務プロセスについては、内部統制の整備・運用の取組みが進んでいるが、財務報告に関連している他の業務プロセスには取組みの計画が立案されておらず、監査費用の低減効果をどの程度享受できるか不明である。また、そのような背景もあり、業務改善のための投資も行われないことも考えられる。監査制度移行対応の主管部署の設置が未了で、理事会等において取組みの進捗状況が報告されていない状況も散見され、監査制度移行に係る取組みや監査費用の低減効果が限定的となることが考えられる。

対応策としては、理事会などにおいて公認会計士監査制度への移行を正しく理解し、組織横断的で主体的な取組みとして適切に低減対策を講じることが考えられる。これは、組合長をはじめとするトップ層が管理部門における組織的な監査対応の必要性の理解と対応体制の整備を進めるということである。

JA組織の一部の理事や職員が、経済事業に係る内部統制の整備・運用のみに注力するということではなく、理事会が主体的に監査制度移行に向けた取組方針を決定し、組合長をはじめとするトップ層が中心となって、組織横断的に取り組むことが重要である。

(2) 内部監査などにおける指摘事項への改善対応に関する事項

　内部監査等において検出された事項に係る改善対応策の記載が、個人の意識や能力に大きく依存する内容に留まっているものが多く、指摘が発生している根本原因に対処する改善策が講じられていないために、毎期同様の指摘事項が継続している状況がある。

　財務諸表作成に影響する指摘事項に関しては、会計監査における内部統制の評価にも影響するため、毎期同様の指摘事項が継続している場合、監査人は当指摘事項が与える財務諸表への影響を慎重に検討することが考えられる。

　対応策としては、内部監査などにおける指摘事項が生じた根本原因を分析し、これに対応する根本原因を改善することが考えられる。

6 今後の展開にあたって

　先に掲げた監査費用低減策は、公認会計士監査への対応のための対策のみならず、むしろ、JAの事業・業務運営そのものをより有効かつ効率的なものとするための施策であるといえる。こうした考え方に立ち、監査制度の移行を一つの契機ととらえて、自律的に内部管理態勢等の改善や高度化を図る観点から、理事会等が監査制度移行に向けた取組方針を検討し決定することや、組合長等が組織横断的な取組みを主導することが望ましい。

　なお、それぞれのJAが置かれている状況によっては、監査制度移行時点までに、監査費用低減策をはじめとする諸処の効率化への対応が必ずしも十分に進捗しないことも想定され得る。しかしながら、これらの対応やそれに取り組む機会は、必ずしも移行年度で終了するものではなく、むしろ制度移行後においても、会計監査人との意思疎通の深化や組合自らの内部管理態勢等の整備・高度化など必要な対応に持続的に取り組むことができるかどうかといった点は、組織運営の高度化、内部統制の有効性の維持ないし向上、監査に関連する負担の抑制を実現する観点から極めて肝要であると考えられる。

　また、公認会計士側においては、新たに自らが監査を行うこととなるJA系統組織に関する会計・組織・内部統制といった、監査の実施にあたり、必要となる基本的な知識・知見を、たとえば公認会計士協会による指針や研修の機会等の積極的な活用等を通じて獲得・理解したうえで、実際の監査業務の局面における監査品質の保持、リスクアプローチの徹底、指導的機能の発揮、三様監査の連携推進などを通じて、リスクに応じた効率的かつ効果的な監査を遂行することが期待される。

第 2 章
執行体制

1 トップマネジメント

　マネジメント組織は、規模の拡大にしたがって垂直分化し、トップ、ミドル、ロワーというマネジメント階層が形成される。

　理事会と組合長以下の経営執行層が担当するトップマネジメントには、二つの職能がある。一つは理事会の職能で、出資者・組合員からの委託を受けて業務執行に関する意思決定を行うと同時に、組合長以下の経営執行層を監督する機能である。もう一つは組合長以下の経営執行層の職能で、経営目標を達成するための経営計画の策定、組織編成と重要な人事配置など、経営全般にかかわる統制を行う全般管理機能である。

　ミドルマネジメントは、管理階層を意味し、部長、課長などの職制が該当する。この職能は、マネジメント階層の中間に位置して、トップマネジメントが設定した基本的・全般的な事項を部門目標として提示し、自己の部門にかかわる計画立案、組織化、統制を行うことである。

　ロワーマネジメントは、現場の監督階層で、係長、主任などの職制が該当する。その職能は、設定された業務目標を職員が効率的に達成するよう働きかけるとともに、部下の指導や職場の人間関係を良好に維持することである。

　なお、経営階層別に見た意思決定は、次のように整理される。

経営階層別に見た意思決定

経営階層	意思決定	具体例
トップ	戦略的意思決定	収益性を最適化する製品・市場の選択、成長方式やタイミングの決定、非定型的で集権的な意思決定
ミドル	管理的意思決定	業績達成のための経営資源の調達と配分、資本・人材などの調達情報・業務システム、戦略と業務・組織と個人などの諸矛盾の解消
ロワー	日常業務的意思決定	日常業務の効率化のための手段の開発、業務上の目標・遂行の日程・方法手段の決定、定型的で分権的な意思決定

（参照）H.I.アンゾフ『最新・戦略経営』産能大学出版部、1990.5

金融機関の経営破綻が相次ぐなかで、JAも金融システムの一員として、組合員や地域社会に信頼される健全かつ効率的な経営の確立が求められ、自己責任経営が可能な業務執行体制の強化が急務となっている。

　このため、組合長をはじめとする代表理事の経営専念体制の確保および代表理事を補佐する複数常勤理事体制の確立を図る必要がある。

1-1 トップマネジメントの機能

　組合長をはじめとする常勤理事（トップ層）の果たすべき役割は、組合員代表としての機能（組合員のニーズをくみ上げJA運営に反映させる）と、事業を革新していく機能（JA事業を取り巻く状況を的確に判断し不断に改革していく）および、経営管理者としての機能（具体的な執行と適切な運営管理）である。

　合併JAにおいては、経営管理と業務の高度化・複雑化、社会的責任の増大などに伴うトップマネジメント機能の重要性は高い。なかでも経営管理者としての機能を十分に発揮することが不可欠である。

　その一方で、組合長を補佐する常勤役員や企画管理部署を充実・強化する必要がある。

　さらに、トップマネジメント機能を強化するため、中央会などの教育機能を活用しつつ、以下により、役員に対する教育研修を実施する必要がある。

① 常勤理事に対する基本教育の徹底と業務分担に応じた専門教育研修を実施するとともに、常勤監事に対し、高度化・複雑化した業務内容を適切に監査するための専門教育研修を実施する。

　なお、JA・連合会の常勤理事を対象とした基礎研修がJA全中主催により開催されている。

② 非常勤理事に対しては、経営管理者としての教育研修を重点に、組織リーダーとしての教育研修を実施する。

1-2 トップマネジメントの構成

(1) 常勤理事体制

トップマネジメントの構成は、組合長—専務理事(副組合長)—常務理事の3層を基本とする常勤理事体制とする。なお、平成13年の農協法改正で、信用事業を行うJAの常勤理事は3人以上(うち1人以上は信用事業専任)とされた。

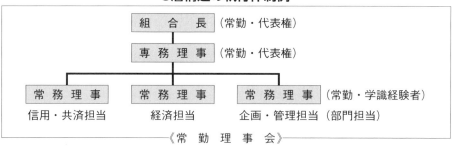

3層構造の執行体制例

(注)専務理事への代表権の付与および常務理事の業務担当については、信用事業と共済事業を区分・分担するなど、それぞれのJAで判断する。

(2) 経営専念体制の確立

1996(平成8)年の農協法改正で、信用事業を行うJAの代表理事ならびに常務に従事する役員(常勤役員など)については、行政庁の認可を受けた場合を除き、他のJA・連合会その他の法人の常務に従事し、または事業を営んではならないこととされた。JAのトップマネジメントの社会的重要性に鑑み、代表理事および常勤理事の経営専念体制を確立するということである。

さらに、2001(平成13)年の農協法改正で兼職・兼業に係る行政の例外認可が廃止され、他の組合の経営管理委員、中央会役員、連合会や子会社の非常勤役員(注1)などを兼職する場合を除いて、すべての兼職・兼業が禁止されることになった。

また、常勤役員などについて兼職・兼業の禁止措置が講じられたことに対応して、兼職・兼業が可能な経営管理委員会制度の活用について検討することが求められる。

(注1)非常勤の要件は、①勤務時間が短いこと、②報酬が年額100万円以下であることなど。

(3) 専務理事（副組合長）の役割

専務理事（副組合長）の役割については、以下の考え方に基づき整理する。
① 組織代表機能を主とする考え方
   組合長の補佐ないし、事故・不在中の代理として位置付ける。
② 経営管理機能を主とする考え方
   組合長は主として組織代表機能を発揮し、専務理事が経営管理機能を発揮するように機能分担を行い、専務理事は専門的経営管理者として、複数の常務理事などを統括し実質的な業務執行機能を果たす。
③ 将来の組合長養成機能と位置付ける考え方

(4) 常務理事の役割と学経理事(注2)の登用

常務理事の役割は、組合長の指揮下で経営管理機能を主たる機能として担い、かつ組合長・専務理事（副組合長）を補佐するものである。
業務の高度化・複雑化に対応した専門的業務執行を確保するため、学識経験者(注2)を理事に登用する。

(注2) 学経（学識経験）理事という言葉は、職員出身の役員と理解・運用されており必ずしも役員の適性を表すものではないことから、2001（平成13）年の法改正に伴う改定模範定款例において「組合の業務を的確、公正かつ効率的に遂行できる知識及び経験を有し、かつ、十分な社会的信用を有する者」（模範定款例第27条）という表現に改められた。いわゆるフィットアンドプロパー規定と呼ばれているもので、同様の規定が銀行法第7条の2（取締役の適格性）に見られる。一方、中小企業等協同組合法第43条（顧問）においては「学識経験のある者」という表現を使っている。本書では、フィットアンドプロパー規定を否定するものではなく、役員構成をわかりやすく解説することに重きを置いているため、従来の表現を使用している。

(5) 複数常務理事制の導入

合併JAにおいて、業務量の増大や業務の高度化・複雑化に対応した専門的業務執行を確保するため、事業のくくりや経営管理組織の実態に応じ、複数常務理事による業務分担制（信用、共済、経済、管理担当常務など）を敷く。
この場合、事業ごとに業務分担を明らかにするとともに、大幅な権限委譲を行い、日常業務の多くを担当常務理事に任せる。組合長および専務理事は、重要な事項についての意思決定を行い、JA全体の視点から常務理事を指揮監督する。
なお、複数常務理事制を採用する場合は、重層構造や機能重複を生ずることとなるので、参事制は採用しないことが望ましい。

① **参事の性質**

　雇用関係を前提として、理事会決議により選任・解任することができ、事務所における業務執行権を有する商法・会社法上の支配人（商法第20条、会社法第10条）に該当する。

② **参事制の課題**

　事務所における事業に関する一切の裁判上または裁判外の行為をする権限を有する（農協法第42条第3項で準用する会社法第11条第1項・第3項）が、代表理事[注3]との関係で現実的にはその権限が制限される。

③ **複数参事制の課題**

　合併JAの広範な業務を的確かつ迅速に掌握し処理するためには、複数参事制を採用せざるを得ない。

(注3) 代表理事は、組合の業務に関する一切の裁判上または裁判外の行為をする権限を有する（農協法第35条の3第2項）。

1-3 常勤理事会

複数常務理事制の導入に併せて、常勤理事間の連携強化と日常業務の迅速な意思決定を図るため、常勤理事会を設置し、定期的な情報の交換と調整を行い、JA全体として一貫性ある円滑な業務執行を図る必要がある。

1-4 使用人兼務理事

使用人兼務理事を登用する場合、当初目的を明らかにし、指揮命令系統を混乱させないよう、適格者を適切な秩序をもって選出することが重要である。

このため、使用人兼務理事の選出基準（参考1）を設定し、実際の選出にあたっては、学経常勤理事の選出に準じて、理事会などで推薦し、総会での選任後さらに理事会で使用人兼務の承認を得ることが必要となる。

使用人兼務理事を活用しようとする場合にあっては、理事の選出方法については選任制を採用する必要がある。併せて、これらの手続きによらずに職員が在職中に理事として選出された場合に、使用人兼務理事とならないよう、就業規則の退職事由の整備（参考2、3）などを行っておく必要がある。

また、使用人兼務理事に対する報酬、とくに退職金についても整理してお

く必要がある。

(参考1) 使用人兼務理事候補者選出基準
1. 当組合において本所部長、支所長またはこれに準ずる職にあり、業務内容に精通していること
2. 理事に選出された後も職員としての職務に任ずることが望ましいこと
3. 年齢が45歳以上であること

(参考2) 使用人兼務理事選出対応のための就業規則例
　　第○○条　職員が次の各号の一つに該当するに至ったときは、その日を退職の日として、職員の身分を失う。
1. 死亡したとき
2. 期間を定めて雇用した者の雇用期間が満了したとき
3. 理事会の推薦を経ずに、本組合の理事に就任したとき
　　ただし、理事の退任後、再雇用をさまたげるものではない。
4. 本人の都合により退職を届け出て組合の承認があったとき、または退職届け出後、14日を経過したとき

(参考3) 使用人兼務理事に関する理事会付議事項例
　役員に関する事項
　・理事の使用人兼務の決定

2　理事会

　JAに限らず、有限責任でかつ多数の組合員からなる法人にあっては、その構成員である組合員が構成員たる資格において、自らその法人事業の経営にあたることは不可能・不適当であり、総会などにおいて選挙または選任する理事によって構成する機関に任せざるを得ない。JAにおけるこの機関が理事会、すなわち理事の全員をもって構成する会議体の業務執行機関である。

　1992（平成4）年の農協法改正前までは、原則として各理事がJAの業務を執行し、JAを代表する権限を有し、理事各自がJAの機関を構成するものとされていたが、現行法では、各理事は業務執行権限および組合の代表権を有さず、業務執行機関としての理事会の構成員となる。日常的な業務執行の機関としては、理事の中から選任した代表理事を置く。いわゆる意思決定と執行の分化である。

　理事は、組合員の代理人として、その知識と経験とをいかし、組合員全体の利益のために理事会における業務執行に関する意思決定に参画し、同時に代表理事などが理事会の決定にしたがって適切に業務執行を行っているかどうかを監督しなければならない。

(1) 理事会の機能と理事の責任

① 理事会の機能

　　理事会は、組合員の意思（総会・総代会）に基づいて重要な業務執行方針などを決定すると同時に、理事の職務執行につき監督する機能を果たす。また、日常の業務活動についても、理事会によるチェック機能の発揮が求められる。

　　さらに、理事会が実質的に機能できるようにするため、理事会運営規則などの整備を行う必要がある。

② 理事の責任

　　理事は、JAに対する忠実義務と業務を執行する理事の監督・指示という重要な職務を負っており、その機能と責任を十分認識し、職務を遂

行する必要がある。

　また、理事がその機能および責任を十分に自覚し、職務を完全に遂行できるようにするため、理事の職務・行為基準などを定め、理事の理事会出席義務と十分な審議に基づく決定、守秘義務などを徹底する。さらに、研修会などを通じ、理事者としての自覚の啓発と職務遂行能力の向上を図ることが求められる。

　とくに、合併JAにおいては、JAの社会的影響力の増大に伴い、理事の責任も増大しており、高度化・複雑化した業務について、出身地域の情実などにとらわれない大局的視点での判断と責任ある行動が要請される。

(2) 理事の選出制度

① 定数

　理事定数は、正組合員数、審議可能範囲、少数精鋭を基本に決定することが必要である。JA全中の指導基準では、概ね正組合員500人に1人程度、多くとも30人程度とされている。最近の例では、支所統廃合に併せて理事定数の削減と選出地区の再編成が課題となることが多い。

② 構成

　理事は、組合員代表、青年部・女性部などの組合員組織代表、学識経験者などで構成するなど、各層から幅広くJA運営に参加する仕組みを確立する。

　地域代表理事だけでなく、組合員組織代表や学識経験者などを選出することを考慮すると、理事の選出方法は、原則として選任制度とすることが望ましい。また、役員推薦会議の中に、地区推薦会議、組織推薦会議、理事会推薦会議、全体推薦会議などを設置し、各選出基準を分離・明確化するなどの工夫が必要となる。

　また、業務執行の硬直化を防ぎ、理事会を活性化させる観点から、役員定年制・任期制を導入する。

(3) 理事による部門別・課題別専門委員会の設置

　運営の迅速化と、専門的審議の場として、また理事会の補助機関として、理事の分担により、部門別・課題別専門委員会を設ける。

ただし、部門別・課題別専門委員会を採用した場合は、自分の担当以外について情報が不足したり、無関心・無責任になり、常勤理事に対する監視機能の低下につながりかねないという問題がある。

　また、部門別・課題別専門委員会の意思決定と担当外理事の責任があいまいになりがちなので、その点に留意した運営が必要である。

　部門別・課題別専門委員会には、次のようなものがある。

①総務・企画専門委員会
②金融専門委員会
③共済専門委員会
④営農専門委員会
⑤生活専門委員会

3 経営管理委員会

　近年の広域合併の進展による組織・事業規模の拡大や規制緩和に伴う競争の激化、とりわけ信用事業における専門性・リスクの増大などのなかで、事業・経営を健全かつ安定的に営むためには、専門的能力を有する実務家が業務執行にあたることが求められる。

　そこで、1996（平成8）年の農協法改正で、経営管理委員会制度が選択肢の一つとして導入された。組合員の意思を代表して重要な業務執行の意思を決定し、業務執行全般をコントロールする者（役員たる経営管理委員）と、経営管理委員会の決定にしたがい日常的業務執行にあたる者（役員たる理事）とを法律上も区分した。そして、一定数以上は正組合員でなければならないという理事の資格制限をなくして、経営管理委員会の判断で適任者を理事に広く登用できるようにするとともに、経営管理委員については、組合員の代表として、その4分の3以上が正組合員でなければならないとされた。

　さらに、2001（平成13）年の農協法改正で、①経営管理委員会に理事の選任・解任請求権に加え代表理事の選任権および解任権を付与、②4分の1以内で正組合員以外の選任を可能、③信連、全農、全共連における経営管理委員会制度の導入が義務化された。

　このように、経営管理委員会制度は、JAの業務の複雑化・高度化が進むなかで、「JAは組合員のものである」という協同組織の性格を堅持しつつ、日常のマネジメントの的確な遂行を確保することを目的に導入されたものである。

　監督と執行を分離して、組合員・会員の代表を中心とする経営管理委員会が、組合の業務執行に関する主要事項を決定し、その管理・監視のもと、日常の業務執行は職務専念できる専門家を理事にあて担当させるものである。

　このため、従来の理事会制度のもとでの業務執行体制の強化に引き続き取り組んでいくことを基本に、併せて、JAの実情に応じた新たな仕組みとして、経営管理委員会制度の活用を検討していく必要がある。

(1) 検討の視点
　導入にあたっては、農家組合員の協同組織としての基本を堅持しつつ、次の観点から必要に応じて選択的に取り組む。
　① 少数精鋭による機動性ある業務執行の確保
　　理事会を、日常の業務執行に携わる実務家の常勤体制を中心とした少数メンバーによるものとする。
　② 組合員の的確な意思反映に基づく業務運営の強化
　　組合員各層の代表者を幅広く経営管理委員とする。
　③ 経営に精通した実務家の常勤理事への登用
　　経営管理委員会で選任する。
　④ 代表理事などの経営専念体制の確保
　　兼職・兼業が可能な経営管理委員の制度を活用する。

(2) 経営管理委員会を設置した場合の業務執行体制のあり方
① 理事会と経営管理委員会との連携
　経営管理委員会が、理事会から独立した機関として、適切な意思決定および監視機能を発揮するには、経営管理委員に適時・適切な経営情報が提供されるとともに、理事会と経営管理委員会が有機的な連携をもって運営されることが重要である。
　このため、経営管理委員会を月に1回程度開催し、理事に出席を求め、業務執行状況を説明させるほか、次の点に留意して取り組む。
　　ⅰ) 組織運営との密接な連携を図る観点から、経営管理委員会会長を必要に応じて常勤としたうえで理事会への出席（経営管理委員は議決権を有さない）を義務付けるなど、理事会運営面で工夫する。
　　ⅱ) 経営管理委員会への定期的な業務執行状況の報告のほか、経営管理委員会会長などに対して日常の重要な業務執行について速やかに報告する。
　　ⅲ) 理事長を含め理事の多数は、職員出身者などになると考えられるが、常勤理事3人以上の義務化（うち1人は信用事業専任）に対応して、部門担当制の導入を図るとともに、必要に応じて、使用人兼務理事の活用を図る。

② 理事の員数

理事の員数は3人以上と法定されているが、理事長－専務理事－常務理事の3層体制を基本に、使用人兼務理事若干名を加えた体制とし、全体で5～10人程度とする。

③ 経営管理委員の員数など

JA運営に組合員の意思を十分に反映させるため、地域代表、生産者組織代表、青年・女性層など各層の正組合員を幅広く充てるとともに、基本委員会（基本方針を検討する）、役員推薦委員会（理事候補を推薦する）、報酬委員会（理事の報酬を協議する）など、機能別の各種委員会を設置する。

理事会と経営管理委員会の比較

	理事会	経営管理委員会制度を導入した場合	
		経営管理委員会	理事会
選出方法	選挙または選任	選挙または選任	経営管理委員会による選任
資格	3分の2以上は正組合員	4分の3以上は正組合員等	制限なし
定数	5人以上	5人以上	3人以上
兼職・兼業	代表、常勤理事の制限	制限なし	他の法人の職務原則禁止(注)
権限	業務執行についての意思決定、理事の監督	業務執行に関する基本方針および定款で定める重要事項の決定、理事の選出、代表理事の選任・解任	業務執行についての意思決定、理事の監督

（注）組合業務の健全かつ適切な運営を妨げる恐れがない場合（省令で明定）は例外的に兼業が認められている。

(3) 留意事項

導入に係る定款変更は、現任理事の任期満了1年前の通常総会などで行う。非常勤の経営管理委員の報酬は、現在の非常勤理事の報酬を参考に経営管理委員会の開催頻度などを勘案して設定する。

経営管理委員を置いた組合においては、理事の兼職・兼業が原則として禁止されるため、経営管理委員会を代表する者が連合会の役員を兼務する。

組合長会議などの諸会議の出席者は、経営管理委員と理事の職務権限に基づき、協議内容に応じてJAの判断により決定することとなるが、2001（平成13）年の農協法改正で、経営管理委員会の会長が、JAグループにおいて組合員・会員の意思を代表する立場にあること（連合会などにおける議決権の行使者であること）が明確にされた。

4 補佐体制

　トップマネジメントの補佐と円滑なJA運営のため、あらゆる課題や問題の整理を行う各種諮問機関や経営会議などを設置する。

(1) 経営会議・課題別委員会

　経営会議は、常勤理事および幹部職員をメンバーとし、JA全体の運営に係る問題について協議・検討する場とし、定期的に開催する。

　課題別委員会は、担当常勤役員および関連部署幹部職員をメンバーとし、特定の課題について専門的かつ迅速な検討を行うことを目的とし、随時または定期的に開催する。テーマにより、プロジェクト方式を採用する。

　経営会議・課題別委員会には、次のようなものがある。
　①生活委員会
　②教育委員会
　③ＡＬＭ委員会
　④資金運用委員会
　⑤金利設定委員会
　⑥共済委員会

(2) 諮問機関

　必要により、諮問機関を設け、課題別に審議を委嘱し、理事会または組合長の判断の参考とする。

　メンバーは、組合員代表、組合員組織代表、利用者代表、理事、職員代表、有識者など、課題に応じ組合長が委嘱する。

　諮問機関には、次のようなものがある。
　①中・長期計画策定委員会
　②役員報酬審議会
　③組合員組織制度審議会
　④教育審議会

(3) 企画管理部署

　トップマネジメントの意思決定や指揮を補佐する企画管理部署を設置して、スタッフ機能の強化、企画立案能力の強化、部門ごとの縦割弊害防止と総合調整に努める。

　企画管理部署の機能は、次のとおりである。

①トップマネジメントのゼネラルスタッフ機能
②管理業務…経営計画の策定、進行管理、業績評価など
③企画業務…新規事業開発、各種イベント、市場調査、その他企画開発業務など
④リスク管理業務…リスク・マネジメント、コンプライアンス（法令遵守）など
⑤総代会、経営会議、理事会、常勤理事会などの事務局
⑥役員間、部門間の連携と調整
⑦一般的・基礎的役員研修の事務局

5 コーポレート・ガバナンス
－企業は誰のものか、JAは誰のものか－

　企業は誰のものか。また、誰が企業行動の決定に影響をおよぼしているのか。これがいわゆるコーポレート・ガバナンス（企業統治）の問題である[注4]。
　ガバナンスモデルには、①プリンシパル・エージェンシーモデルと②ステークホルダーモデルがある。
　プリンシパル・エージェンシーモデルは、企業は株主のものであって、経営者は株主（主権者・プリンシパル）の代理人（エージェンシー）としてとらえる。ステークホルダーモデルは、企業は株主だけのものではなく、従業員、取引先、債権者、地域社会などの利害関係者（ステークホルダー）のものであり、経営者はこれら利害関係者の調整人となる。
　上場企業に適用が始まったコーポレート・ガバナンス・コード（後述）においては、コーポレート・ガバナンスとは「会社が株主をはじめ顧客・従業員・地域社会等の立場を踏まえたうえで、透明・公正かつ迅速・果断な意思決定を行うための仕組み」であり「持続可能な成長と中長期的な企業価値向上のための自律的な対応を図る仕組み」と定義しており、ステークホルダーモデルに立っていることがわかる。このように、ＣＳＲ（企業の社会的責任）の議論とともに、ステークホルダーモデルが標準になりつつあると考えられる。

（注4）　コーポレート・ガバナンスは、企業のコントロールに係る権利と責任の構造をいう。新古典派経済学では、企業の究極の支配権は株式市場で取引されると考える。日本では、企業のコントロール権は株主と従業員で分有されると考えられる（青木昌彦、奥野正寛編著『経済システムの比較制度分析』東京大学出版会、1996年4月）。

(1) 一般企業におけるコーポレート・ガバナンス

　わが国のコーポレート・ガバナンスは、①メインバンク制（大きな融資シェアを持つ銀行が長期・総合的な取引関係を維持し、株式保有、役員派遣などの人的関係を構築すること）[注5]、②株式持ち合い（株式から得られる配当収入より取引関係の維持・強化を主目的に、法人が安定株主として株式を長期保有すること）、③サイレントパートナー（物言わぬ株主）、④内部昇進者優位の取締役会、に代表される伝統的な日本型ガバナンスによりゆがめられて

きたとされる。

　このような批判を受けて、株主や投資家に対する広報の充実（インベスターズ・リレーションシップ、ＩＲと略称される）やディスクロージャーが充実してきた。

　コーポレート・ガバナンスは、企業不祥事の頻発に対応し、社外取締役・社外監査役の導入をはじめとして、コンプライアンス体制の一環として議論されるようになってきた。コンプライアンスは、狭義には法令遵守と解釈されているが、近年では企業倫理を含む広義なものとして解釈されている。企業は、法令遵守のみならず、経営の健全性・適正性を確保し社会からの信頼を得るような活動が求められているといえよう。

　企業のメインバンクは、平常時には企業行動に影響力を行使することはないが、企業が経営困難に陥ったときには、株主兼債権者として利害関係者間の協調的行動の取りまとめを行い、再建のイニシチブをとる。このように財務悪化の場合に、コーポレート・ガバナンスの主体が、内部昇進の経営者から外部選抜された銀行へと移るケースは、状態依存型ガバナンス（コンティンジェント・ガバナンス）と呼ばれている。

　近年は、取締役を10人程度に絞り込み、日常業務に専念する法定外の役員制度である執行役員制度の導入、監査役制度強化を巡る動き、持株会社化・分社化など組織再編の動きが顕著になってきているが、これら一連の動向は、株式会社におけるコーポレート・ガバナンスを改革する動きととらえることができる(注6)。

(注5) メインバンクには、次の五つの機能があるとされる（青木他前掲書）。①貸出、②決済口座、③株式保有、④社債発行、⑤経営参加
(注6) 1990年代から2000年代前半の企業行動を観察した結果、業績が好調な時よりも、むしろ業績が一定の水準に満たない場合で組織に問題がある場合に、コーポレート・ガバナンスの真価が発揮されているという。すなわち、資本市場からの圧力という外部ガバナンスと、取締役会のスリム化や社外取締役の採用といったトップ・マネジメントの構造改革により内部ガバナンスを強化することによって、改革を後押しするようなガバナンスの影響を確認できるという。（青木英孝『日本企業の戦略とガバナンス―「選択と集中」による多角化の実証分析―』2017、中央経済社）

(2)　上場企業におけるコーポレート・ガバナンス改革の動き

　金融庁の有識者検討会によって、2014（平成26）年2月に「『責任ある機関投資家』の諸原則（日本版スチュワードシップ・コード）」としてスチュワードシップ・コード（以下ＳＳコードと略す）が策定された。このコードの受入を表明した機関投資家は、ＳＳコードの各原則に基づく一定の公表項目に

ついて毎年公表し、金融庁に通知することとされた。ＳＳコードは、機関投資家に対し、企業との対話や株主総会での議決権行使等を通じた責任ある行動を促す。機関投資家が議決権行使などで投資先企業の行動に影響を与えるような対話は、「エンゲージメント」（目的を持った対話）と呼ばれている。

コーポレート・ガバナンス・コード（以下ＣＧコードと略す）は、2015（平成27）年3月に金融庁の「コーポレート・ガバナンス・コードの策定に関する有識者会議」により原案が作成され、東京証券取引所において、関連する上場制度の整備が行われ、同年6月1日から適用された。

具体的には、コーポレート・ガバナンスに関する報告書に、ＣＧコードの実施に関する情報開示を義務付け、ＣＧコードに記載された原則を実施するか、実施しない場合にはその理由を明記するものとされた[注7]。また、ＣＧコードに沿った取締役会運営をすることで、判例でいう経営判断の原則[注8]の適用を受けやすくなると期待されており、「意思決定過程の合理性を担保」することを通じて「上場会社の透明・公正かつ迅速・果断な意思決定を促す効果」を持つ（ＣＧコード第4章取締役会等の責務）。

ＣＧコードは、経営者に対し、会社の持続的な成長のために企業家精神を発揮することを促す。

ＣＧコードの概要

基本原則	主な内容
株主の権利・平等性の確保	株主総会における権利行使に係る適切な環境整備 株主の政策保有に関する方針を開示、取締役会で検証
ステークホルダーとの適切な協働	ステークホルダーに配慮した経営理念の策定 女性の活用を含む多様性の確保
適切な情報開示と透明性の確保	役員の指名や報酬に関する情報の開示
取締役会の責務	独立社外取締役を2名以上選任 各役員にトレーニングの機会を提供
株主との対話	株主の面談申し込みに合理的な範囲で前向きに対応

（資料）新日本有限責任監査法人『信用金庫・信用組合の監事監査実務』経済法令研究会、2017年1月15日

監査役の基準等についてのガバナンスは、守りのガバナンスと呼ばれている。一方、短期利益指向の投資行動（ショートターミズム）から長期的価値を生む投資を厚くする中長期目線の投資行動を奨励するようなガバナンス改革の動きは、攻めのガバナンスと呼ばれている(注9)。

SSコードとCGコードのダブルコードが車の両輪となり、コーポレート・ガバナンスの強化を目的の一つとする2014（平成26）年改正会社法とともに、企業価値の向上という目標に向けて、上場企業を中心にコーポレート・ガバナンス改革の動きが加速している(注10)。

(注7) 原則を実施するか、実施しない場合にはその理由を説明することを「Comply or Explain」（コンプライ・オア・エクスプレイン）と呼んでいる。
(注8) 取締役の行った経営上の判断が合理的で適正なものである場合は、結果的に会社が損害を被ったとしても、裁判所は取締役の経営判断については干渉せず、当該取締役も責任を負わないという原則。要件は、①具体的な法令・定款違反がないこと、②経営判断の前提となった事実の認識に不注意な誤りがないこと、③経営判断の過程・内容が著しく不合理でないこととされている。
(注9) 武井一浩「コーポレート・ガバナンス・コードへの対応」『日経研月報』2015年10月号、一般社団法人日本経済研究所
(注10) 神作裕之「ダブルコード適用下のコーポレート・ガバナンスにかかわる制度面の動向」『商事法務』No.2101、2016年5月25日

(3) JAにおけるコーポレート・ガバナンス

これまでJAの場合、コーポレート・ガバナンスが議論されることは少なかった。これは、問題意識が薄いということではなく、解答が理念的にも現実的にも明確なためであろう。すなわち、JAは組合員のものであり、組合員代表（いわゆる組織代表）が運営の決定権を持つという現行のあり方（組織者＝運営者＝利用者という三位一体の側面）に、疑問が投げかけられることがなかったからである。このことは、協同組合におけるガバナンスモデルについて、組合員が主権者であるからプリンシパル・エージェンシーモデルの立場に立つ研究者が多いこととも符合する(注11)。

1998（平成10）年と2001（平成13）年の農協法改正において、員外監事（第30条第14項、貯金残高50億円以上の場合）、常勤監事（同条第15項、200億円以上）、経営管理委員会制度（第30条の2ほか）、兼職・兼業の禁止（第30条の5）、決算監査手続の整備（第36条）、中央会監査（第37条の2）、総会における説明義務（第46条の2）が措置された。員外監事と常勤監事の制度は、会社法に準じた改正であり、JAの社会的影響力の増大を反映し、法制度上も大企業に準じる措置をとったものと考えられる。

農協法改正で導入された経営管理委員会制度(注12)は、ドイツ株式会社の

監査役会制度にならったものといわれている。ドイツの株式会社制度は、監査役と取締役を完全に分離し、監視機能を監査役会、執行機能を取締役会に委ねて、執行と監視を完全に分離する 2層型のモニタリング・モデル[注13]である。アメリカの株式会社制度では、ＣＥＯ（Chief Executive Officer 最高経営責任者）などのトップ層2〜3人が取締役を兼ね、残りの取締役はすべて社外取締役という単層型のモニタリング・モデルである。

　JAの経営管理委員会は、日常業務の執行を実務家の理事に委ねており、理事の監督、重要な経営方針の決定、利益相反取引のチェックに専念する。このため、理事の選任、総会への解任請求権、代表理事の選任・解任権、組合と理事との契約の承認権、決算書の承認権が経営管理委員会に留保されたと考えられる。ただし、理事をよりよく監督するためには、JA経営を評価するための制度や会計情報の入手など、具体的な仕組みを構築していく必要がある。また、JAが経営難に陥った場合は、JA自体が金融機関であるという性格上、通常は中央会が再建のイニシアティブをとることが多い[注14]。

　通常時の経営の主体は、トップマネジメントの3層構造（代表権を持つ組織代表2層と代表権を持たない学経常務による構造）を主体に、理事専門委員会、支所運営委員会などが担っていると考えることもできる。このような運営のあり方は、協同組合的企業統治（コーポラティブ・コーポレート・ガバナンス）と呼ぶことができる。

　今後は、JAの大規模化や統合連合組織の形成、子会社化の動向などを踏まえ、JAグループ全体を通じたコーポレート・ガバナンス（グループ・ガバナンス）のあり方が問われてこよう[注15]。

(注11) 増田佳昭『規制改革時代のJA戦略.JA批判を越えて』2006年12月家の光協会。また、増田氏はJAの多様性とガバナンスに関連して、GMOUモデルを提起している。G（ガバナンス＝統治者組合員代表）、M（マネジメント＝経営者）、O（オペレーション＝職員）、U（ユーザー＝利用者組合員）の四つの要素に分けて、G、M、O、Uそれぞれが分化していく過程をモデル的にうまく説明することに成功している。
(注12) 53頁以降参照。
(注13) 業務執行の監督機能を重視するモデルをモニタリング・モデルといい、業務執行の意思決定機能を重視するモデルをマネジメントボード・モデルという。
(注14) JAバンク法の施行に伴いJAにおける信用事業の指導機能がJAバンクへ付与されるとともに、コンティンジェント・ガバナンスの主体が中央会から農林中央金庫（JAバンク中央本部）へ移行しつつある。その意味では、コンティンジェント・ガバナンスを皮切りに、協同組合固有のガバナンスから一般企業のガバナンスに近づきつつあるとみることができる。
(注15) 135頁以降参照。

(4) 政府によるガバナンスへの関与

　2015（平成27）年の農協法改正は、JAの地域性を否定し、農業関連事業へ経営資源を傾斜することを強制すべく、経営の裁量権や私法人のトップ・マネジメントに政府が関与する改正となった。

　具体的には、理事の定数の過半数は、原則として、認定農業者または農畜産物の販売その他の事業もしくは法人の経営に関し実践的な能力を有する者でなければならないとされた（第30条第12項）。

　また、経営管理委員を置く単位JAにあっては、経営管理委員の過半数は原則として認定農業者でなければならないものとするとともに、理事は農畜産物の販売その他の事業または法人の経営に関し実践的な能力を有する者でなければならないこととされた（第30条の2第4項、第7項）。

理事・経営管理委員の要件

要件	単位農協			連合会		
	経営管理委員会を置かない	経営管理委員会を置く		経営管理委員会を置かない	経営管理委員会を置く	
	理事	経営管理委員	理事	理事	経営管理委員	理事
認定農業者又は事業・経営の専門家を過半数	○	―	―	―	―	―
認定農業者を過半数	―	○	―	―	―	―
事業・経営の専門家	―	―	○	―	―	○
年齢・性別の偏り配慮	○	○	―	―	―	―
正組合員要件	2/3以上	3/4以上	なし	2/3以上	3/4以上	なし

（資料）JA全中「農業協同組合法等説明資料　参考資料」（2015（平成27）年12月）を一部修正

　現実的には、地域において具体的な選出過程のなかで議論が進むことになるが、地域への貢献も含めた総合的な観点からの議論が望まれるところである。

　なお、行政の監督指針においては、次のように表現されている。

> 　組合員への最大奉仕という目的に合致し、農業所得の増大に最大限配慮をした事業運営を実現するとともに、その前提となる経営管理を有効に機能させるためには、経営管理委員会会長（経営管理委員会会長に準ずる職を含む。以下同じ。）・経営管理委員・経営管理委員会（経営管理委員会及び各役職を設置している組合に限る。以下同じ。）、代表理事・理事・理事会・監事・監事会（監事会を設置している組合に限る。以下同じ。）及びすべての職階における職員が自らの役割を理解しそのプロセスに十分関与することが必要となるが、その中でも、経営管理委員会会長・経営管理委員・経営管理委員会、代表理事・理事・理事会及び監事・監事会が果たす責務が重大である。
>
> 　また、平成27年改正法では、JAの理事について、その定数の過半数を原則として「認定農業者」又は「農畜産物の販売その他の当該JAが行う事業又は法人の経営に関し実践的な能力を有する者」（以下「実践的能力者」という。）とすること（法第30条第12項、第30条の2第4項及び第7項）、年齢や性別に著しい偏りが生じないように配慮すること（第30条第13項、第30条の2第4項）が規定されたところであり、これらの規定に適合した役員体制とすることはもとより、JAが、農業所得の増大に向けた経済活動を積極的に行っていく観点から、役員体制をどうするかなどについて、組合員とJAの役職員との間で徹底した議論が行われることが重要である。

（資料）「系統金融機関向けの総合的な監督指針」Ⅱ組合の監督上の評価項目1-2-3役員体制（2016（平成28）年4月金融庁監督局・農林水産省経営局2016（平成28）年3月31日付金監第781号・金監第961号・27経営第3423号金融庁監督局長・農林水産省経営局長通知）

　政府レベルによるガバナンスへの関与は、JAグループに限られるわけではない。戦後のGHQによる大企業の経営者の追放をはじめ、近年では監査等委員会設置会社（会社法第399条の2）という新しい機関設計、社外取締役の設置（同法第327条の2）など、ガバナンスに関する一定の義務付けが行われ、政府が関与してきた[注16]。上場企業に適用が始まったCGコードや機関投資家を対象としたSSコードの導入は、先の会社法の内部統制システム強化の改正と併せて、ステークホルダー・モデルを指向するガバナンス改革の動きを加速するものである。

　一方、先の農協法改正は、これら上場企業のガバナンス改革の動きと対照

的に、事業目的・理事構成等を改正し、認定農業者等をガバナンスの中核とするプリンシパル・エージェンシー・モデルに回帰する改正となった。

　農業者の所得増大というプリンシパルと地域への貢献というステークホルダーとの間で、改めてガバナンスの重要性が見直されている。上場企業におけるガバナンス改革の動きに注視しながら、JAグループを巡る環境変化に対応できるガバナンスとは何か、検討する必要があろう。

(注16) 大杉謙一「変化するコーポレート・ガバナンス」『商事法務』No.2109、2016年8月25日

第 3 章
リスク管理と内部統制

リスク管理とは本来、種々の損失の発生を伴うリスクを極小化することにより、組織体の安定を保証する機能を持つ経営管理技術であり、PLAN→DO→CHECK→ACTという経営管理サイクルの中に位置付けられる。すなわち、リスクの認識と測定を通じ、リスクの発生を組織として許容可能な範囲にコントロールする経営管理の手法である。

　組織体のリスクは、ビジネス・リスクとハザード・リスクの二つに分けられる。ビジネス・リスクは、事業機会と事業活動の遂行に関するものであり、ハザード・リスクは災害などに起因して発生するリスクである。したがって、経営管理とは、組織体の目的達成につながるチャンスをとらえ、目的達成を阻害するビジネス・リスクやハザード・リスクといった幅広いリスクをコントロールする活動でもあると理解することができる。なお、最後の項でリスクが顕在化した場合の対応について、危機管理として補足説明する。

　一方、内部統制については、従来の概念をより深く洗練させリスク評価やコーポレート・ガバナンスと関連付けて定義した、新たな内部統制の枠組み（1992年「COSOの内部統制の枠組み」(注1)）が世界標準となりつつある。さらに、内部統制を包含した全社的リスク・マネジメントの枠組みが発表され、リスク・マネジメント手法も進化しつつある。

　内部統制の強化とその有効性に係る経営者責任の明確化を求める動きが進んでいることから、JAへの適用も避けられないと考えられる。すでに、預貯金等受入系統金融機関に係る検査マニュアルでは、内部統制基本方針を検証することとしている(注2)。JAは、信用事業のみならず、共済事業や経済事業をはじめ、総合経営を行っているが故に、多くのリスクに直面している。リスク管理の枠組みとして、新たな内部統制の枠組みを積極的に活用する時代に入ってきているといえよう。

(注1) COSO「全社的マネジメント－統合的枠組み」（Enterprise Risk Management-Integrated Framework）（2004年9月）
　　　COSOは、米国トレッドウェイ委員会支援組織委員会（Committee of Sponsoring Organization of the Treadway Commission）の略称であり、COSOから発表された「内部統制の総合的枠組みに関するレポート（Internal Control-Integrated Framework）」（1992年9月）（いわゆるコソレポート）が、内部統制の基準書となっている。本書は、このコソレポートと2007年2月に企業会計審議会から公表された「財務報告に係る内部統制の評価及び監査の基準並びに財務報告に係る内部統制の評価及び監査に関する実施基準の設定について（意見書）」によっている。なお、このコソレポートを基礎にバーゼル銀行監督委員会が発表した「銀行組織における内部管理体制のフレームワーク」（1998年9月）は、BIS内部統制フレームワークと呼ばれている。
(注2)「預貯金等受入系統金融機関に係る検査マニュアル」（最終改正2016（平成28）年4月1日）「代表理事、理事及び理事会による経営管理（ガバナンス）態勢の整備・確立状況　Ⅰ経営方針等の策定　④内部管理基本方針等の整備・周知　注（1）」他

1 内部統制の枠組み

　米国では、エンロン、ワールドコムといった大手企業の粉飾決算による経営破たんが相次いだことを受け、2002年7月に企業改革法（サーベンス・オクスレー法、通称SOX法）が制定された。SOX法は、コーポレート・ガバナンス、会計報告、監査の各側面に改革のメスを入れた。

　特徴は、①年次報告書の開示が適正である旨の宣誓書の提出、②財務報告に係る内部統制の有効性を評価した内部統制報告書の作成、③公認会計士による内部統制監査の義務付けである。

　この内部統制は、COSOが提唱した内部統制の枠組みが基礎になっている。

(1) 金融商品取引法が求める内部統制

　金融商品取引法は、COSOの定義を基礎にSOX法の教訓を踏まえ、日本の実情に合うように制定されたものである。金融商品取引法が要求している事項は、概ね次のとおりである。

　財務報告の信頼性を確保するための内部統制を「財務報告に係る内部統制」と定義し、経営者がその有効性について自ら評価した結果を「内部統制報告書」として内閣総理大臣に提出し、内閣総理大臣はそれを公衆の縦覧に供する（金融商品取引法第24条の4の4、第25条）。この報告書の適正性については、財務諸表監査を担当する同一の公認会計士または監査法人の監査証明を受けなければならないとされている（同法第193条の2第2項）。

　経営者によっては、内部統制の不備を自ら公表することについて躊躇するであろうし、もし内部統制が不備であるにもかかわらず虚偽の報告書を公表しようとすれば、監査法人に指摘されることになる。結果的に金融商品取引法は、経営者に内部統制の整備・強化を促すことになる。

(2) 会社法が求める内部統制

　会社法は、内部統制システム構築の基本方針を取締役会の専決事項とし（会社法第362条第4項第6号、同法施行規則第100条）、大会社（取締役会設置

会社、資本金 5億円以上または負債200億円以上）および委員会設置会社に内部統制システム構築の基本方針の決定を義務付け（同法同条第 5項、第416条第2項）[注3]、大会社に限らず同基本方針を決議した場合は、事業報告で開示することとされた（同法施行規則第118条第2号）。

　会社法では、経営者が法令・定款を遵守するための体制（コンプライアンス体制）および会社の業務が適正・効率的に行われる体制を整備することを求めている。すなわち、会社法は、財務報告に係る内部統制に限ることなく、会社全体について内部統制の整備を求めている。

　金融商品取引法が一般投資家を保護するため、財務報告の信頼性を確保する内部統制の整備を企業に求めているのに対し、会社法は株主と債権者を保護するため、非財務に係る領域もカバーする内部統制の整備を求めている。

(注3)　大会社の取締役会が決議すべき内容は、次のとおりである（会社法362⑤、④六、同法施規100①③）。
　　　①～⑤は会社経営に係るものであるが、⑥は監査役の監査環境に係るものである。会社法では、監査役の監査環境を整備することによって、監査役の監査が実効的に行われることが期待されている。
　① 取締役および使用人の職務の執行が法令および定款に適合することを確保するための体制
　② 取締役の職務の執行に係る情報の保存および管理に関する体制
　③ 損失の危険の管理に関する規程その他の体制
　④ 取締役の職務の執行が効率的に行われることを確保するための体制
　⑤ 会社並びにその親会社および子会社から成る企業集団における業務の適正を確保するための体制
　⑥ 監査役監査の実効性を確保するための体制

会社法と金融商品取引法における内部統制の違い

	会社法	金融商品取引法
内部統制の表現	取締役の職務の執行が法令および定款に適合することを確保するための体制その他株式会社の業務並びに当該株式会社およびその子会社から成る企業集団の業務の適正を確保するために必要なものとして法務省令で定める体制（会社法362条4項6号）	当該会社の属する企業集団および当該会社に係る財務計算に関する書類その他の情報の適正性を確保するために必要なものとして内閣府令で定める体制（金融商品取引法24条の4の4）
義務の対象	大会社・指名委員会等設置会社・監査等委員会設置会社	上場企業その他政令で定めるもの
義務の内容	内部統制システムの整備に関する事項を取締役（会）で専決	事業年度ごとに、財務報告に係る内部統制報告書の提出
対象範囲	親会社・子会社からなる企業集団	有価証券報告書提出会社および当該会社の子会社並びに関連会社
開示	事業報告で決議内容の概要と運用状況の概要・監査役監査で決議内容の相当性	経営者による内部統制報告書
罰則	決議内容等の不記載、虚偽の記載は過料	不提出、虚偽の記載は5年以下の懲役・罰金
根拠規定	会社法362条4項6号他・同法施行規則100条、118条、129条、130条他	金融商品取引法24条の4の4、193条の2他、財務計算に関する書類その他の情報の適正性を確保するための体制に関する内閣府令

（資料）高橋均『監査役監査の実務と対応』同文舘2016年6月を一部修正

(3) JAグループの動き

　JAグループは、2006（平成18）年度のJA全国大会において「すべてのJA、連合会は内部統制システムの整備に取り組む」ことを決議し、内部統制3文書（業務記述書、業務フロー、リスクコントロールマトリックス）の作成に取り組んだ。つまり、財務報告の信頼性確保に重きを置いた金融商品取引法ベースの内部統制の構築をめざしたことになる。

　しかし、信用事業、共済事業、経済事業等を総合的に営む総合JAにおける内部統制3文書の作成が困難を極める一方、早急に不祥事の未然防止の取組みが求められていた。また、経営者が内部統制報告書を作成しても、全国監査機構が内部統制報告書に適正証明を付与する仕組みが構築できなかった。

　このような状況を受けて、2008（平成20）年度から内部統制3文書の作成を取りやめ、優先度の高いリスク発生の未然防止を最優先とする仕組みの構築（内部統制等に係る指導基準他）へと運動方針が転換された。この間、農協法においても、会社法や金融商品取引法の内部統制関係を準用する法改正はなされなかった。このため、JAグループにおける内部統制システム構築の取組みは、直接的な法的根拠と全国監査機構の適正証明を欠いたまま現在にいたっている。

　これまでの農協法改正においては、未だ内部統制取組みの直接規定はないものの、監督指針[注4]においては、「担当理事はリスクの所在及びリスクの種類を理解したうえで、各種リスクの測定・モニタリング・管理等の手法について深い知識と理解を有しているか」と役員の主な着眼点を記し、金融検査マニュアル[注5]においては、「理事会は、経営方針に則り、代表理事等に委任することなく、当該系統金融機関の業務の健全性・適切性を確保するための態勢の整備に係る基本方針（以下「内部管理基本方針」という。）を定め、組織全体に周知させているか」[注6]とするなど、内部統制システムの構築を前提とした行政指導が行われているところである。

　また、模範定款例において、組合長の理事会報告事項の一つとして「内部統制（コンプライアンス・プログラムを含む）及びリスク管理に係る取組状況」（模範定款例第62条第1項第4号）が規定されている。

　JAは、これまでのJAグループの内部統制システム整備の取組みを踏まえ、2006（平成18）年度に「内部統制システム構築に関する基本方針」を決議し、

途中見直しを行いながら運用を行ってきた。2014（平成26）年の会社法および会社法施行規則の改正により、企業集団における業務の適正を確保するための体制が本法に格上げされるとともに、施行規則に例示される事項が拡大された。さらに内部統制システムの運用状況の概要が事業報告の開示事項に追加された。

内部統制システムの整備と運用は、判例上、役員の善管注意義務および忠実義務の内容として認知されている[注7]。また、JA・連合会の子会社等は当然会社法に基づく内部統制システムの構築と運用が求められる。

これらのことからJA・連合会自ら他業種に劣後しない内部統制システムの高度化へ向け、改正会社法が要求する内部統制システムレベルをめざすべきと考える。そのためには、会社法施行規則において体制の内容として例示されている事項について各JA・連合会において検証し、必要な見直しを行うとともに、引き続き内部統制システムの整備と運用に取組み、業務報告書において、内部統制に関する決議の内容の概要および運用状況の概要について記述するなどの取組みが必要だと考える[注8]。

なお、JA全中では、2019（平成31）年度開始までに各JAにおいて基本方針を理事会決議し、2018（平成30）年度決算を報告する総代会において事業報告等に開示することとしている（「JAにおける『内部統制システ基本方針』策定に向けた取り組みについて」（2018（平成30）年5月JA全中）[注9]。

(注4) 総合的な監督指針（農業協同組合、農業協同組合連合会及び農事組合法人向けの総合的な監督指針（信用事業および共済事業のみに係るものを除く。）（2011（平成23）年2月、最終改正2018（平成30）年12月、農林水産省経営局）
(注5) 預貯金等受入系統金融機関に係る検査マニュアル（1999（平成11）年12月、最終改正2018（平成30）年5月）
(注6) 系統金融機関において業務の健全性・適切性を確保するための態勢整備の基本方針を含む文書を、「内部統制基本方針」「内部統制方針」「内部管理方針」等の名称のいかんを問わず、検証することとしている。
(注7) 1995年に発覚した大和銀行ニューヨーク支店の巨額損失事件を巡り、1審大阪地裁が7億7,500万ドル（829億円）の賠償を命じた株主代表訴訟。判決では「危険な取引についての十分なリスク管理(内部統制)を直接の担当取締役は怠ってはならない」旨判じた。これは、違法行為ができないようなシステムを構築していない場合や監視すべき義務を怠った場合には、取締役はその責任を負うという先例となり、現在の内部統制が求められる契機となった判決である。控訴審は、1審判決で敗訴した11人の被告の手取り年俸の総額にあたる約2億5,000万円を同行に支払う和解（大阪高裁）で決着した。
(注8) ディスクロージャー誌において、内部統制に関する決議の内容の概要および運用状況の概要について記述することも考えられる。なお、信用金庫は内部統制システムに関する決議が理事会決議事項とされている（信用金庫法第36条第5項第5号、同法施行規則第23条）。
(注9) さらに、内部統制システム基本方針に加え、運用状況も事業報告等に開示するよう提起している。

2 内部統制の定義

　内部統制とは、①業務の有効性および効率性、②財務報告の信頼性、③事業活動にかかわる法令等の遵守、④資産の保全の四つの目的が達成されているとの合理的な保証を得るために、業務に組み込まれ、組織内のすべての者によって遂行されるプロセスをいい、①統制環境、②リスクの評価と対応、③統制活動、④情報と伝達、⑤モニタリング（監視活動）、⑥IT（情報技術）への対応の六つの基本的要素から構成される[注10][注11]。

内部統制の基本的枠組み─内部統制の四つの目的と六つの構成要素─

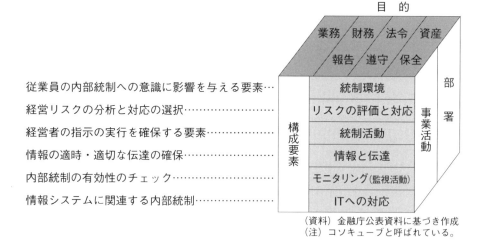

従業員の内部統制への意識に影響を与える要素… 統制環境
経営リスクの分析と対応の選択……………… リスクの評価と対応
経営者の指示の実行を確保する要素………… 統制活動
情報の適時・適切な伝達の確保……………… 情報と伝達
内部統制の有効性のチェック………………… モニタリング（監視活動）
情報システムに関連する内部統制…………… ITへの対応

（資料）金融庁公表資料に基づき作成
（注）ココソキューブと呼ばれている。

(注10) COSOの定義をもとに、日本では、内部統制の目的の第4の目的として「資産の保全」が、また構成要素の6番目の要素として「ITへの対応」が追加されている。
(注11) 定義以降の記述は、企業会計審議会「財務報告に係る内部統制の評価及び監査の基準並びに財務報告に係る内部統制の評価及び監査に関する実施基準の設定について（意見書）」（2007年2月15日）によっている。

2-1 内部統制の目的

① **業務の有効性および効率性**

業務の有効性および効率性とは、事業活動の目的の達成のため、業務の有効性および効率性を高めることをいう。業務とは、組織の事業活動の目的を達成するため、すべての組織内の者が日々継続して取り組む活動をいう。業務の有効性とは事業活動や業務の目的が達成された程度、業務の効率性とは、組織が目的を達成しようとする際に、時間、人員、コストなどの組織内外の資源が合理的に使用される程度をいう。

② **財務報告の信頼性**

財務報告の信頼性とは、財務諸表および財務諸表に重要な影響をおよぼす可能性のある情報の信頼性を確保することをいう。

③ **事業活動にかかわる法令等の遵守**

事業活動にかかわる法令等の遵守とは、事業活動にかかわる法令その他の規範の遵守を促進することをいう。

④ **資産の保全**

資産の保全とは、資産の取得、使用および処分が正当な手続きおよび承認のもとに行われるよう資産の保全を図ることをいう。

内部統制は、組織の事業活動を支援する四つの目的を達成するために組織内に構築される。しかし、それは、四つの目的の達成を絶対的に保証するものではなく、組織、とりわけ内部統制の構築に責任を有する経営者が、四つの目的が達成されないリスクを一定の水準以下に抑えるという意味での合理的な保証を得ることを目的としている。

内部統制は、組織から独立して日常業務と別に構築されるものではなく、組織の業務に組み込まれて構築され、組織内のすべての者により業務の過程で遂行される。したがって、正規の従業員のみでなく、組織において一定の役割を担って業務を遂行する短期、臨時雇用の従業員も内部統制を遂行する者となる。

内部統制は、組織内のすべての者が業務のなかで遂行する一連の動的なプロセスであり、単に何らかの事象または状況、あるいは規定または機構を意味するものではない。したがって、内部統制は一旦構築されればそれで完成するというものではなく、変化する組織それ自体と組織を取り巻く環境に対応して運用されていくなかで、常に変動し、見直される。

2-2 内部統制の基本的要素

　内部統制の基本的要素とは、内部統制の目的を達成するために必要とされる内部統制の構成部分をいい、内部統制の有効性の判断の規準となる。組織において内部統制の目的が達成されるためには、定義で述べた六つの基本的要素がすべて適切に整備および運用されることが重要である。

内部統制の基本的要素

基本的要素	説　明
統制環境	組織の気風を決定し、組織内のすべての者の統制に対する意識に影響を与えるとともに、他の基本的要素の基礎をなし影響をおよぼす基盤 ①誠実性および倫理観、②経営者の意向および姿勢、③経営方針および経営戦略、④取締役会および監査役または監査委員会の有する機能、⑤組織構造および慣行、⑥権限および職責など
リスクの評価と対応	組織目標の達成に影響を与える事象について、組織目標の達成を阻害する要因をリスクとして識別・分類・分析・評価し、リスクへの対応を行う一連のプロセス ①リスクの評価、②リスクへの対応
統制活動	経営者の命令および指示が適切に実行されることを確保するために定める方針および手続き
情報と伝達	必要な情報が識別、把握および処理され、組織内外および関係者相互に正しく伝えられることを確保すること ①情報の識別・把握・処理、②伝達（内部伝達、外部伝達）、③内部通報制度
モニタリング	内部統制が有効に機能していることを継続的に評価するプロセス。モニタリングにより、内部統制は常に監視、評価・是正される。 ①日常的モニタリング、②独立的評価、③評価プロセス、④内部統制上の問題についての報告
ITへの対応	組織目標を達成するためにあらかじめ適切な方針と手続きを定め、それを踏まえて業務の実施において組織の内外のITに対し適切に対応すること ①IT環境への対応、②ITの利用および統制

(1) 統制環境

　統制環境とは、組織の気風を決定し、統制に対する組織内のすべての者の意識に影響を与えるとともに、ほかの基本的要素の基礎をなし、リスクの評価と対応、統制活動、情報と伝達、モニタリングおよびITへの対応に影響をおよぼす基盤をいう。

　統制環境は、組織が保有する価値基準および組織の基本的な人事、職務の制度などを総称する概念である。統制環境は、ほかの基本的要素の前提となるとともに、ほかの基本的要素に影響を与えるもっとも重要な基本的要素である。それに含まれる一般的な事項を例示すると、以下のようになる。

① 誠実性および倫理観
② 経営者の意向および姿勢
③ 経営方針および経営戦略
④ 取締役会および監査役または監査委員会の有する機能
　　取締役会および監査役または監査委員会の活動の有効性は、組織全般のモニタリングが有効に機能しているかを判断する重要な要因となる。
⑤ 組織構造および慣行
　　組織の慣行は、しばしば組織内における行動の善悪についての判断指針となる。組織内に問題があっても指摘しにくい慣行が形成されている場合には、統制活動、情報と伝達、モニタリングの有効性に重大な悪影響をおよぼすことになる。慣行に組織の存続・発展の障害となる要因があると判断した場合、経営者は、適切な理念、計画、人事の方針などを示していくことが重要である。
⑥ 権限および職責
⑦ 人的資源に対する方針と管理

(2) リスクの評価と対応

① リスクの評価

　　リスクの評価とは、組織目標の達成に影響を与える事象について、組織目標の達成を阻害する要因をリスクとして識別、分析および評価するプロセスをいう。リスクの評価にあたっては、組織の内外で発生するリスクを、組織全体の目標にかかわる全社的なリスクと組織の職能や活動単位の目標にかかわる業務別のリスクに分類し、その性質に応じて、識

リスクの評価の流れ

リスクの識別	組織目標の達成に影響を与える可能性のある事象を把握し、どのようなリスクがあるのかを特定。各段階において適切にリスクを識別することが重要
リスクの分類	全社的なリスク（組織全体の目標の達成を阻害するリスク）か業務プロセスのリスク（各業務プロセスにおける目標の達成を阻害するリスク）か、過去に生じたリスクか未経験のリスクかなどの観点から分類
リスクの分析	リスクが生じる可能性およびリスクがもたらす影響の大きさを分析
リスクの評価	当該リスクの重要性を見積り、対応策を講じるべきリスクかどうかを評価
リスクへの対応	リスクの評価を受けて、当該リスクへの適切な対応を選択するプロセス。評価されたリスクについて、回避、低減、移転または受容など、適切な対応を選択

別されたリスクの大きさ、発生可能性、頻度等を分析し、当該目標への影響を評価する。

　リスクの評価と対応の実務は、個々の組織が置かれた環境や事業の特性などによって異なるものであり、一律に示すことはできないが、リスクの評価の流れの例を示すと次のとおりである。

② **リスクへの対応**

　リスクへの対応とは、リスクの評価を受けて、当該リスクへの適切な対応を選択するプロセスをいう。リスクへの対応にあたっては、評価されたリスクについて、その回避、低減、移転または受容等、適切な対応を選択する。

　リスクの回避とは、リスクの原因となる活動を見合わせ、または中止することをいう。リスクの低減とは、リスクの発生可能性や影響を低くするため、新たな内部統制を設けるなどの対応をとることをいう。リスクの移転とは、リスクの全部または一部を組織の外部に転嫁することで、リスクの影響を低くすることをいう。たとえば、保険への加入、ヘッジ取引の締結などがあげられる。リスクの受容とは、リスクの発生可能性や影響に変化をおよぼすような対応をとらないこと、つまり、リスクを受け入れるという決定を行うことをいう。リスクへの事前の対応に掛かる費用が、その効果を上回るという判断が行われた場合、または、リス

クが顕在化した後でも対応が可能であると判断した場合、組織はリスクをそのまま受容することが考えられる。

(3) 統制活動

　統制活動とは、経営者の命令および指示が適切に実行されることを確保するために定める方針および手続きをいう。統制活動には、権限および職責の付与、職務の分掌などの広範な方針および手続きが含まれる。このような方針および手続きは、業務のプロセスに組み込まれるべきものであり、組織内のすべての者において遂行されることにより機能するものである。

　経営者は、不正または誤謬などの行為が発生するリスクを減らすために、各担当者の権限および職責を明確にし、各担当者が権限および職責の範囲において適切に業務を遂行していく体制を整備していくことが重要となる。その際、職務を複数の者の間で適切に分担または分離させることが重要である。

　たとえば、取引の承認、取引の記録、資産の管理に関する職責をそれぞれ別の者に担当させることにより、それぞれの担当者間で適切に相互牽制を働かせることが考えられる。

　適切に職務を分掌させることは、業務を特定の者に一身専属的に属させることにより、組織としての継続的な対応が困難となるなどの問題点を克服することができる。また、権限および職責の分担や職務分掌を明確に定めることは、内部統制を可視化させ、不正または誤謬などの発生をより困難にさせる効果を持ち得るものと考えられる。

(4) 情報と伝達

　情報と伝達とは、必要な情報が識別、把握および処理されて、組織内外および関係者相互に正しく伝えられることを確保することをいう。組織内のすべての者が、各々の職務の遂行に必要とする情報は、適時、適切に、識別、把握、処理および伝達されなければならない。

　また、必要な情報が伝達されるだけでなく、それが受け手に正しく理解され、その情報を必要とする組織内のすべての者に共有されることが重要である。一般に、情報の識別、把握、処理および伝達は、人的および機械化された情報システムを通して行われる。

① **情報**

　　組織内のすべての者は、組織目標および内部統制の目的を達成するため、適時かつ適切に各々の職務の遂行に必要な情報を識別し、情報の内容および信頼性を十分に把握し、利用可能な形式に整えて処理することが求められる。

② **伝達**

　　ⅰ）内部伝達

　　　　組織目標および内部統制の目的を達成するため、必要な情報が適時に組織内の適切な者に伝達される必要がある。経営者は、組織内における情報システムを通して、経営方針等を組織内のすべての者に伝達するとともに、重要な情報が、とくに、組織の上層部に適時かつ適切に伝達される手段を確保する必要がある。

　　ⅱ）外部伝達

　　　　法令による財務情報の開示等を含め、情報は組織の内部だけでなく、組織の外部に対しても適時かつ適切に伝達される必要がある。また、顧客など、組織の外部から重要な情報が提供されることがあるため、組織は外部からの情報を適時かつ適切に識別、把握および処理するプロセスを整備する必要がある。

(5) モニタリング（監視活動）

　モニタリングとは、内部統制が有効に機能していることを継続的に評価するプロセスをいう。モニタリングにより、内部統制は常に監視、評価および是正される。モニタリングには、業務に組み込まれて行われる日常的モニタリングおよび業務から独立した視点から実施される独立的評価がある。両者は個別にまたは組み合わせて行われる場合がある。

① **日常的モニタリング**

　　日常的モニタリングは、内部統制の有効性を監視するために、経営管理や業務改善等の通常の業務に組み込まれて行われる活動をいう。

② **独立的評価**

　　独立的評価は、日常的モニタリングとは別個に、通常の業務から独立した視点で、定期または随時に行われる内部統制の評価であり、経営者、取締役会、監査役または監査委員会、内部監査等を通じて実施されるも

のである。
③ 評価プロセス

内部統制を評価することは、それ自体一つのプロセスである。内部統制を評価する者は、組織の活動および評価の対象となる内部統制の各基本的要素をあらかじめ十分に理解する必要がある。

④ 内部統制上の問題についての報告

日常的モニタリングおよび独立的評価により明らかになった内部統制上の問題に適切に対処するため、当該問題の程度に応じて組織内の適切な者に情報を報告する仕組みを整備することが必要である。この仕組みには、経営者、取締役会、監査役等に対する報告の手続きが含まれる。

(6) IT（情報技術）への対応

ITへの対応とは、組織目標を達成するためにあらかじめ適切な方針および手続きを定め、それを踏まえて業務の実施において組織の内外のITに対し適切に対応することをいう。

ITへの対応は、内部統制のほかの基本的要素と必ずしも独立に存在するものではないが、組織の業務内容がITに大きく依存している場合や、組織の情報システムがITを高度に取り入れている場合などには、内部統制の目的を達成するために不可欠の要素として内部統制の有効性に係る判断の規準となる。ITへの対応は、IT環境への対応とITの利用および統制からなる。

① IT環境への対応

IT環境とは、組織が活動するうえで必然的にかかわる内外のITの利用状況のことであり、社会および市場におけるITの浸透度、組織が行う取引などにおけるその利用状況、および組織が選択的に依拠している一連の情報システムの状況などをいう。IT環境に対しては、組織目標を達成するために、組織の管理がおよぶ範囲においてあらかじめ適切な方針と手続きを定め、それを踏まえた適切な対応を行う必要がある。

IT環境への対応は、単に統制環境のみに関連付けられるものではなく、個々の業務プロセスの段階において、内部統制のほかの基本的要素と一体となって評価される。

② ITの利用および統制

ITの利用および統制とは、組織内において、内部統制のほかの基本

的要素の有効性を確保するために、ITを有効かつ効率的に利用すること、ならびに組織内において、業務に体系的に取り込まれてさまざまな形で利用されているITに対して、組織目標を達成するために、あらかじめ適切な方針および手続きを定め、内部統制のほかの基本的要素をより有効に機能させることをいう。

ITの利用および統制は、内部統制の他の基本的要素と密接不可分の関係を有しており、これらと一体となって評価される。また、ITの利用および統制は、導入されているITの利便性とともにその脆弱性および業務に与える影響の重要性等を十分に勘案したうえで、評価されることになる。

③ **ITの統制**

ITを取り入れた情報システムに関する統制であり、自動化された統制を中心とするが、しばしば、手作業による統制が含まれる。経営者は、自ら設定したITの統制目標を達成するため、ITの統制を構築する。

ITに対する統制活動は、全般統制と業務処理統制の二つからなり、完全かつ正確な情報の処理を確保するためには、両者が一体となって機能することが重要となる。

ⅰ）ITに係る全般統制

ITに係る全般統制とは、業務処理統制が有効に機能する環境を保証するための統制活動で、通常、複数の業務処理統制に関係する方針と手続きをいう。

ITに係る全般統制は、通常、業務を管理するシステムを支援するIT基盤（ハードウェア、ソフトウェア、ネットワークなど）を単位として構築することになる。

たとえば、購買、販売、流通の三つの業務管理システムが一つのホスト・コンピュータで集中管理されており、すべて同一のIT基盤の上で稼働している場合、当該IT基盤に対する有効な全般統制を構築することにより、三つの業務に係る情報の信頼性を高めることが期待できる。

一方、三つの業務の管理システムがそれぞれ異なるIT基盤の上で稼働している場合には、それぞれを管理する部門、運用方法などが異なっていることが考えられ、それぞれのIT基盤ごとに

全般統制を構築することが必要となる。
ⅱ）ITに係る業務処理統制

　業務を管理するシステムにおいて、承認された業務がすべて正確に処理、記録されることを確保するために業務プロセスに組み込まれたITに係る内部統制である。ITに係る業務処理統制の具体例としては、以下のような項目があげられる。
①入力情報の完全性、正確性、正当性などを確保する統制
②例外処理（エラー）の修正と再処理
③マスタ・データの維持管理
④システムの利用に関する認証、操作範囲の限定などアクセスの管理

　これらの業務処理統制は、手作業により実施することも可能であるが、システムに組み込むことにより、より効率的かつ正確な処理が可能となる。

3 内部統制の限界

　内部統制は、次のような固有の限界を有するため、その目的の達成にとって絶対的なものではないが、各基本的要素が有機的に結び付き、一体となって機能することで、その目的を合理的な範囲で達成しようとするものである。

① 　内部統制は、判断の誤り、不注意、複数の担当者による共謀によって有効に機能しなくなる場合がある。
② 　内部統制は、当初想定していなかった組織内外の環境の変化や非定型的な取引などには、必ずしも対応しない場合がある。
③ 　内部統制の整備および運用に際しては、費用と便益との比較衡量が求められる。
④ 　経営者が不当な目的のために内部統制を無視ないし無効ならしめることがある。

　なお、当初想定していなかった組織内外の環境の変化や非定型的な取引などに対して、経営者が既存の内部統制の枠外での対応を行うこと、既存の内部統制の限界を踏まえて、正当な権限を受けた者が経営上の判断により別段の手続きを行うことは、内部統制を無視する、または無効にすることには該当しない。

4 内部統制に関係を有する者の役割と責任

(1) 経営者

　経営者^(注12)は、組織のすべての活動について最終的な責任を有しており、その一環として、取締役会が決定した基本方針に基づき内部統制を整備および運用する役割と責任がある。その責任を果たすための手段として、社内組織を通じて内部統制の整備および運用（モニタリングを含む）を行う。

　経営者は、組織内のいずれの者よりも、統制環境に係る諸要因およびそのほかの内部統制の基本的要素に影響を与える組織の気風の決定に大きな影響力を有している。

(注12) 経営者とは、代表取締役、代表執行役などの執行機関の代表者をいう。

(2) 取締役会

　取締役会は、内部統制の整備および運用に係る基本方針を決定する。取締役会は、経営者の業務執行を監督することから、経営者による内部統制の整備および運用に対しても監督責任を有している。

　取締役会は、「全社的な内部統制」の重要な一部であるとともに、「業務プロセスに係る内部統制」における統制環境の一部である。

(3) 監査役または監査委員会

　監査役または監査委員会は、取締役および執行役の職務の執行に対する監査の一環として、独立した立場から、内部統制の整備および運用状況を監視、検証する役割と責任を有している。

　監査役または監査委員会は取締役などの職務の執行を監査する（会社法第381条第1項、第404条第2項第1号）。さらに、会計監査を含む業務監査を行う。

(4) 内部監査人

　内部監査人^(注13)は、内部統制の目的をより効果的に達成するために、内部統制の基本的要素の一つであるモニタリングの一環として、内部統制の整

備および運用状況を検討、評価し、必要に応じて、その改善を促す職務を担っている。

(注13) 内部監査人とは、組織内の所属の名称の如何を問わず、内部統制の整備および運用状況を検討、評価し、その改善を促す職務を担う者および部署をいう。

(5) 組織内のそのほかの者

内部統制は、組織内のすべての者によって遂行されるプロセスであることから、上記以外の組織内のそのほかの者も、自らの業務との関連で、有効な内部統制の整備および運用に一定の役割を担っている。なお、組織内のそのほかの者には、正規従業員だけでなく、組織において一定の役割を担って業務を遂行する短期、臨時雇用の従業員も含まれる。

5 危機管理（クライシス・マネジメント）

　リスク管理により、リスクの発生の可能性を最小限に抑えることができたとしても、それをゼロにすることは、公式（「潜在リスク」－「統制活動」＝「残存リスク」）にみるように不可能である。リスクが顕在化した場合の対処方法をあらかじめ検討し、リスクが発生したときの被害を最小限に食い止めるために事前に策定する計画を緊急事態計画（コンティンジェンシー・プラン）といい、実際に危機が発生したときのリスク管理を危機管理（クライシス・マネジメント）という。

リスクマネジメントの3局面

（資料）藤江俊彦著「危機管理とパブリックリレーションズ」（『月刊JA』2002年12月号）。

6 事業継続計画（BCP）

　東日本大震災は、人々の尊い生命を奪うとともに、人材喪失や設備喪失により企業を廃業に追い込み、また、被災の影響が少なかった企業においても、復旧が遅れ自社製品・サービスが供給できず、その結果顧客が離れ、事業を縮小し従業員を解雇しなければならないなど、企業の事業継続の面でも傷痕を残した。

　事業継続計画（Business Continuity Plan、以下BCPと略す）とは、企業やJAが自然災害、大火災、テロ攻撃などの緊急事態に遭遇した場合において、事業資産の損害を最小限にとどめつつ、中核となる事業の継続あるいは早期復旧を可能とするために、平常時に行うべき活動や緊急時における事業継続のための方法、手段などを取り決めておく計画である^(注14)。こうした緊急事態へ備えた計画は、先に述べた緊急事態計画（コンティンジェンシー・プラン）の一つである。

(注14)　詳細は、中小企業庁ホームページ「中小企業BCP策定運用指針」、内閣府ホームページ「事業継続ガイドライン」、JA全中「JA版BCP策定の手引き」等を参照。

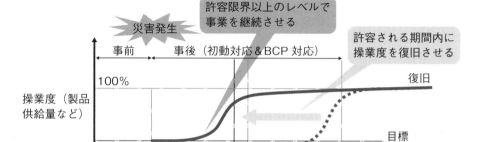

（資料）内閣府防災担当「事業継続ガイドライン」2009（平成21）年11月

ただし、突発的な緊急事態がBCPの想定どおりに発生するとは限らない。また、BCPを策定していても、普段訓練していないことを緊急時に行うことは、たいへんむずかしいものである。緊急事態において的確な決断を下すためには、あらかじめ対処方策について検討を重ね、日頃から継続的に訓練しておくことが必要である。このように、BCPを策定し継続的に運用していく活動や管理の仕組みのことは、事業継続管理（Business Continuity Management、以下BCMと略す）と呼ばれている。

　BCMには、次で述べる①事業の理解、②BCPの準備・事前対策、③BCPの策定、④BCP文化の定着、⑤BCPのチェック・維持・更新等が含まれる。BCPを策定し、それを適切な状態に維持するためのさまざまな活動を継続的に実施するという意味で、BCPサイクルとも呼ばれる。

　BCPの策定・運用は特別なものではなく、経営管理の一環であるリスク管理の一つとして取り組んでいくものである。

(1) 事業の理解

　BCP策定においては、すべての事業・業務を対象としたいと考えがちである。大災害や大事故の発生時には、限りある経営資源の範囲内で、事業を継続させていかなければならない。そのため、まずどのサービスを優先的に提供するかという経営判断をあらかじめ行っておくことが、BCPが有効であるかないかの岐路となる。

　まず、JA等の継続業務（優先業務＋重要業務）を特定する。継続業務とは、JA等の存続にかかわるもっとも重要性（または緊急性）の高い事業をさす。継続業務は、最終的には経営者の判断によって決定されるものであり、JA等において重要と思われる業務を、組合員をはじめとした地域住民や消費者との関係面、社会的意義や責任等の面から優先順位を付けて特定していく。

　このように継続業務の特定とそれに係るボトルネックを把握するプロセスのことを、ビジネス・インパクト分析（Business Impact Analysis、BIAと略す）と呼ぶ。

　次に、継続業務に付随する受注、在庫管理、出荷、配送、支払い、決済といった業務や当該業務の実施に必要な経営資源を把握する。また、継続業務のなかでも復旧すべき業務の優先順位を決めておき、併せて、継続業務を復旧させるまでの期限の目安となる目標復旧時間（Recovery Time Objective、

RTOと略す)および目標復旧レベル(Recovery Level Objective、RLOと略す)を決めておく。

(2) BCPの準備・事前対策

RTO内に事業を復旧するため、緊急事態が発生した際に継続業務を継続するのに必要な経営資源を確保する体制や設備等の方策を事前に準備する。

事前対策は、対策本部の設置場所決定や役職員の情報連絡体制等のソフトウェア対策と、備蓄を含む自家発電装置等のハードウェア対策の二つに大別できる。

一般的にハードウェア対策は、ソフトウェア対策に比べて導入資金が必要とされることから、想定する緊急事態の影響の大きさや緊急度に応じて計画的に投資する。また、役職員の安全に配慮しつつも、人的資源が分散してしまうことを避けるため、役職員の行動基準を定めるなど、インフラが遮断されて連絡・通信が困難な場合でも、事業を継続するために合理的に人員を参集できるようにしておくことが重要である。

(3) BCPの策定

① BCP発動基準の明確化

JA等に緊急事態が発生した場合、策定したBCPを有効に機能させるためには、BCPの発動基準を明確にしておくことが重要である。

中核事業に甚大な影響を与える可能性のある災害とその規模に基づいて、BCP発動基準を定める。

② BCP発動時の体制の明確化

緊急事態が発生した場合におけるBCP発動後の対応体制を明確にしておく。緊急事態発生時には、経営者によるトップダウンの指揮命令によって従業員を先導することが重要であり、指揮命令と情報の管理に注力する。

(4) BCP文化の定着

BCPを実効性の高いものにするため、災害時にBCPを利用して実際に復旧活動にあたる従業員が、BCP運用に対して前向きに取り組む必要がある。そのためには、役職員は当然のこととしてパート、派遣にとどまらず、訪問

者に対してもBCPの概要を周知するとともに、BCPに関する訓練・教育を積極的に行うなど、BCP運用に対する経営者の前向きな姿勢が組織の文化として定着することが重要である。このような文化のことをBCP文化という。

　BCPの運用は、JA等が存続する限り継続されるべき活動であり、維持・更新と、教育・研修を継続的に実施しながら、BCPを定着させることが重要となる。

(5) BCPのチェック・維持・更新

　BCPを発動してみたものの、整理されている情報が古くなっており、役に立たなかったということでは、せっかくBCPを構築しても意味がない。このような事態に陥らないためには、BCPがJA等の中核事業の復旧継続に本当に有効かどうかを演習等によりチェックするとともに、情報を常に最新の状態に維持しておく必要がある。また、必要に応じてBCPの運用体制の見直しを行う。BCPの運用は継続的な活動であり、JA等が存続する限り、BCPに関するこれらの活動は、定期的かつ確実に実施することが望まれる。

第4章 監事監査および内部監査

1 監事監査

　理事会制や代表理事制の法定化による権限の強化に対応して、監事についても、理事の職務執行の監査に加え、JAに著しい損害を生ずる恐れがある場合の理事の行為の差し止め請求など、権限の強化が図られている。
　監事に与えられた権限を適正に行使し、理事の職務執行に対するチェック機能の強化を図るため、農協法により、一定規模以上（貯金残高200億円以上）の組合における常勤監事および員外監事（貯金残高50億円以上）の設置が義務付けられている(注1)。法定規模のJAはもとより、大規模JAにおいては、監査およびJA運営について専門的知識を持った学経・常勤監事を登用する必要がある。
　また、員外監事については、監査監査の客観性を確保し、JAの社会的信用を向上させる観点から、適任者を登用する。

(注1) 農協法第30条第14項（員外監事）および第15項（常勤監事）－農協法施行規則第77条（員外監事の選任を要しない基準）および第78条（常勤監事を定めることを要しない基準）。

1-1 監事の機能と責務

　監事は、理事の職務執行を監査する機能を有する。理事の不正行為などの防止については、内部牽制組織および内部監査の機能がおよびにくいことから、監事監査にその役割が期待される。このことから、監事は、理事の職務執行の適法性を重点に監査を行うこととなる。
　監事は、定期に監査を行い、理事会にその結果を報告するほか、理事会に出席し、日常的業務運営についての動向を把握するとともに、求めに応じて意見を述べる必要がある。
　また、常勤監事は、一定の決裁書類の定期閲覧など（大口貸付稟議書、常勤理事決裁権限文書、理事会報告事項の事前閲覧など）、日常業務執行においても適切な情報収集と監査を行う。
　なお、監事に今日的に期待されている役割と責務を明確にし、その具体的行動規範を示すものとして、「JA監事監査基準」（2017（平成29）年2月JA全

中)が旧基準から大きく変更され、制定されているので、その内容を取込んだ監事監査規程を制定することが求められる。

　JA監事監査基準は、セイクレスト事件を巡る判決(大阪高裁2015(平成27)年5月)(注2)を受けて、改訂されたものである。セイクレスト事件では、監査役(社外監査役で公認会計士)が代表取締役による一連の任務懈怠行為の内容を熟知していたこと、定められた使途に反して合理的な理由なく不当に資金を流出させた行為に対処するための内部統制システムを構築するよう監査役監査規程に基づき取締役会に対して助言または勧告すべき義務があったのに助言・勧告をしなかったこと、取締役会に対し代表取締役を解職すべきである旨を助言・勧告すべきであったのに助言・勧告をしなかったことなどについて、監査役の任務懈怠を認めた。

　判決は、監査役監査基準(日本監査役協会)にしたがって、監査役の任務懈怠を判断したことから、監査役監査基準が改定(2015(平成27)年7月改正)され、法定義務事項、努力義務事項、ベスト・プラクティス等の基準でレベルⅠからレベルⅤまでレベル分けされた。

　今回改訂されたJA監事監査基準についても、各JAの監事監査規程においてJA監事監査基準を取込んでいる場合は、JA監事監査基準が法規範としての効力を有することになることから、日本監査役協会の監査役監査基準同様のレベル分けとするよう、改訂されたものである。(下図参照)

　以上のように、昨今の監事を巡る厳しい情勢や過去の判例等を踏まえると、現行の枠組みどおりJA監事監査基準をそのまま監事監査における遵守事項

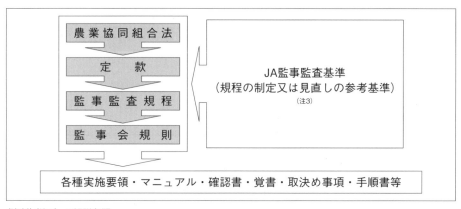

(資料)(注3)の解説参照

とすることは監事に過重な責任を負わせる結果になりかねない。

　また、監査役監査基準をたたき台としてJA監事監査基準の見直しが行われてきたが、監査役監査基準には、企業統治の指針である「コーポレート・ガバナンス・コード」（以下「CGコード」）の内容を反映した「企業統治の観点から望ましい規範」が含まれている。

　JAはCGコードの適用対象外であることから、JA監事監査基準はCGコードの内容の多くは削除されているが、レベルIおよびレベルVの項目が第1条（目的）や第2条（監事の職責）などに含まれている。今後は、農協法改正における経過措置が満了となる2019（平成31）年9月末までの間に、各JAにおいて新たな監事監査規程を制定する必要がある。

(注2) 監査役の善管注意義務を巡る最近の裁判例・判例
　①　監査役が取締役による不正行為を知っていた場合、取締役の明らかな任務懈怠に対する監査を怠った点に善管注意義務違反があると判断された（大阪高判2006（平成18）年6月ダスキン株主代表訴訟事件）。
　②　監事が理事による不正行為を知らなかったが、不正の兆候がある場合、代表理事の言動に明らかな善管注意義務違反があることを窺わせるに十分であり、業務執行について調査・確認する義務を履行することなく代表理事による業務執行を放置した点に任務懈怠があったと判断された（最判2009（平成21）年11月大原町農業協同組合事件）。
　③　取締役副社長による違法なデリバティブ取引によって会社に損害が生じたが、リスク管理体制を含む内部統制システムが整備されており、監査役が違法行為を発見できなかったことをもって善管注意義務違反があったとはいえないと判断された（東京高判2008（平成20）年5月ヤクルト株主代表訴訟事件）。
　　なお、総合JAは金融機関としての信用の維持の観点から、事業会社の監査役よりも高度の善管注意義務を負っていると解しうるし、信用事業に長年従事してきた職員出身者も善管注意義務の水準は高くなると解しうるとされる。また、下部組織等からの情報に依拠することが許されるのは、リスク管理体制が適切に構築・運用されている場合であるとされる（多木誠一郎「組合監事の責任について－株式会社監査役にかかる近時の裁判例を参考にして－」2016（平成28）年8月全国JA常勤監事研修会テキスト）。
(注3) 併せて制定された「JA監事監査基準及び監事監査規程の改定に係る解説」（JA全中）は、JAにおいてJA監事監査基準を参考につくられる監事監査規程の作成例であり、各条項に必要な解説が付されている。各JAの実態に合わせ、規程の制定または見直しの参考資料となるものである。作成例においては、JA監事監査基準におけるレベル1～3の項目を中心に記載されているが、その他必要と考えられるレベル4および5の項目も一部含まれている。さらに各JAの実態に合わせて取扱いを判断すべき項目については、解説の中において点線で囲まれ、その旨説明が付されている（第3条、第12条、第21条、第24条、第29条）。

1-2　監事の選出制度の確立

　高度化・複雑化したJAの業務について適切な監査を行う能力を有する者を選任するとともに、監査の継続性を確保し、監査の有効性を高める制度を確立する必要がある。

(1) 監事の定数

監事は、独立して職務を遂行する、常勤監事の設置を進める、内部監査体制の強化を図るなどの観点から、定数を5人程度（正組合員2,000人に1人）とする。

(2) 選出方法・候補者選定の仕組み
　JAの業務内容を適切に監査できる能力を有する者を選任するため、適任者を広い視野から安定的に選出する制度として、区域全域から選出する仕組みとする。
　また、候補者選定にあたっては、監査の知識・技能についての蓄積を図るため、定数の半数程度を実質的に再任するなど、任期についての一部重任制などを役員推薦会議規程の内規として明文化する。

(3) 選出基準
① 　監事の選出基準は、理事の選出基準を準用する。
② 　常勤監事の選出基準
　高度化・複雑化したJA事業について、適切な監査を行う能力を有する者としての学識経験者を登用（定義は役員の選出基準による）する。とくに、日常の業務執行などの監査を行うことから、JA事業に精通し、かつ監査についての学識・経験を有する者を選出する。
③ 　代表監事
　監事を代表する者として、JAの制度および事業に対して理解があり、経営・経理について知識・経験を有する（たとえば、理事経験者または運営委員会・協議会などJA運営に携わったことがある）者を選出する。
④ 　員外監事
　組合員または組合員たる法人（団体）の役員もしくは使用人でない者で、社会的信用が高く、かつJAの制度・事業に対して理解ある者を選出する。なお、員外監事は就任する前5年間は当該組合の理事もしくは使用人またはその子会社の取締役もしくは使用人でなかった者でなければならない。

（参考）JA全中「合併JAにおける組織・事業・運営指針」（各年版）

1-3 監事会の設置

　各監事は、独立して職務を遂行する独任制の機関であるが、監査計画の設定など、定期および臨時監査を効率的に実施することを目的として監事会を設置する。

　監事会は、常勤監事のみならず非常勤監事や員外監事を含めた監事全員の積極的な意見交換、情報共有の場となることにより、相互のキャリア・専門性が補完的または相乗的に作用しあって、監査品質の向上につながることが望まれる。

　ただし、各監事自身が独任制の機関（一人ひとりが単独で監事としての権限を行使することができる）という性格を持っている以上、監事会は各監事の監査権限の行使を妨げるような決議をすることはできない。

1-4 監事の職務

(1) 代表監事の職務

　代表監事は、監事とJAおよび監事相互の連絡・調整にあたるとともに、監事会を招集し、会議を主宰する。

(2) 常勤監事の職務

　常勤監事の職務は、「常勤監事設置組合における監事の職務遂行指針（常勤監事職務遂行指針）」（1995（平成7）年JA全中）に沿って、次の事項を基準に、他の監事・理事と協議し決定する。

　① **日常業務監査**
　　ⅰ）各種委員会・会議（理事の部門別・課題別委員会）に出席し、業務執行状況の把握に努める。出席できない場合は、議事録などの閲覧または報告を求める。
　　ⅱ）定期監査の実施にあたっては、監事会で協議のうえで、年間計画および個別監査計画書を策定し、組合長に通知する。
　　ⅲ）内部監査の実施状況の監査
　　ⅳ）契約書など重要文書（大口貸付稟議書、常勤理事決裁文書、理事会報告事項など）の閲覧など

② 他の監事に対する日常業務監査の結果報告

日常業務監査の結果を、4半期ごとに監事会を通じて他の監事に報告する。

1-5 他の監査との連携

(1) 内部監査との連携

監査目的は異なるが、内部監査結果を監事監査で活用したり、監事監査実施時において、内部監査担当者を補助者として任命するなど、内部監査との連携を確保し、効率的な監査を行う。なお、監事監査の独立性が保たれるよう、機構上は独立部署として「監事室」（専従職員2人以上）を設置するよう配慮する。

監事監査と内部監査の対応関係例

	監事監査	内部監査
目　　　的	理事の職務執行の監査	内部統制の適切性・有効性
機　　　関	監事会	理事会
代　　　表	代表監事	組合長
常　　　勤	常勤監事	専務・常務
事　務　局	監事室	内部監査室

(注) ① 監事監査の独立性を保持するため、監事室を外局化し、指示・命令系統を理事から分離する。
　　 ② 監事会・代表監事については法定の機関ではないが、対応関係の一例として示した。

(2) 中央会監査・行政検査との連携

貯金残高200億円以上のJAと、負債額200億円以上の連合会（以下特定組合という）は、経営内容の一層の透明性を確保して、組合の社会的信用を高めるため、決算書類について監事の監査のほか、中央会の監査を受けなければならない。

すなわち、中央会が決算書類の適法性を監査し、監事が中央会の監査の方法および結果の相当性を判定し、相当でないと認めたときはその旨を監査報告書に記載しなければならない。監事が中央会の監査の方法および結果を相当と認めたときは、決算書類は適正である旨が認定されたこととなり、従来のように通常総会の決議を得る必要がなく、単に報告すればよい。さらに、

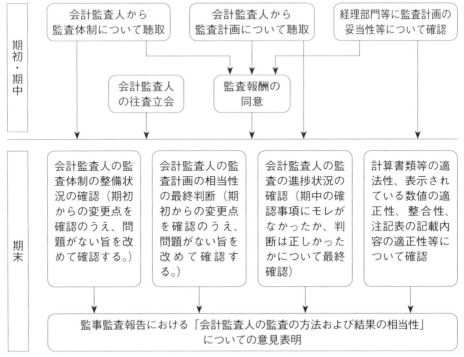

(資料)「会計監査における監事の基本的職務のあり方―会計監査人設置組合を念頭に―」
平成30年7月JA全中

　200億円未満のJAであっても、定款で定めることによって中央会の監査を受けることができ、この場合特定組合とみなされる（旧農協法第37条の3－改正法附則第9条（旧JA中央会の存続）、第10条（存続中央会に係る旧農協法の効力））[注4]。

　特定組合の監事には、中央会の監査報告書について中央会に対し説明・報告を求める権限が与えられている（旧農協法第37条の2第2項）。また、中央会は、監査の遂行中に理事の職務執行に関し不正の行為または法令・定款に違反する重大な事実があることを発見したときは監事に報告する義務が課せられているほか、監事はその職務を行うために必要があるときは、中央会に対してその監査に関する報告を求めることができるとされている（旧農協法第37条の2第7項－会社法第397条）。

監事は、中央会による監査の相当性を判定するために、中央会とは別の独自の立場において自ら会計監査を実施しなければならないが、上述の法令などの規定は、監事も独自に会計監査を実施することを前提としつつも、中央会監査とは無関係に重複して実施することは監査の能率性の点から好ましくないとの観点から、監事に中央会の監査の結果を利用して自らの監査を行うことを認めている。したがって、監事が会計監査を実施するにあたっては、中央会から報告を求めるなど、常に情報交換を行い、密接な連携を保ちつつ進めることが必要である(注5)(注6)。

　行政検査との連携についても、これに立会い、検査結果の報告を受けるとともに、監事監査の実施にあたっては検査結果を活用し、指摘事項の改善状況を監査するなど留意すべきである。

(注4) 2015（平成27）年の農協法改正において、これまでの農協法上の中央会制度が廃止され、2019（平成31）年10月1日までの間に組織変更することとなった。会員である組合の求めに応じてする業務監査は、改正法附則に県中（非出資連合会）の事業として残されたが、中央会監査制度そのものが廃止され、会計監査人の監査を受けるよう制度変更された。このため、JA全中監査機構監査は、JA全中の一般社団法人化に併せて立ち上げられた新たな監査法人（みのり監査法人）へ機能移管（2019（平成31）年度から本格稼働予定）することになる。これらの制度変更により、会計監査は会計監査人が行い、業務監査は基本的には監事が行うという一般事業会社と同じ制度へ移行することになる。なお、定款を変更し直ちに会計監査人を置く場合を除き、2019（平成31）年9月末までは、現行の中央会監査制度が維持されることになっている（改正法附則第7条）。

(注5) 監事監査と中央会監査の連携の具体的内容については、「全国中央会（JA全国監査機構）との連携に関する実務指針」(2012（平成24）年3月全国JA常勤監事協議会) 参照。

(注6) 「会計監査における監事の基本的職務のあり方－会計監査人設置組合を念頭に－」(2018（平成30）年7月JA全中)
　　　会計監査人設置組合において、監事が会計監査でなすべきこと
　　　○会計監査人は組合の機関のひとつであり（農協法37条の2①）、組合と会計監査人とは委任関係にある（農協法30条の3、同37条の3①）。
　　　○計算書類及びその附属明細書（以下「計算書類等」という。）は、会計専門家である会計監査人が第一次的に会計監査を行うが、会計監査人は、会計監査の対象である計算書類等を作成する業務執行者から独立した立場で会計監査を遂行する必要がある。このため監事においては、会計監査人の業務執行者からの独立性を確保するための機関として、その役割を果たすことが求められる。よって、監事の会計監査における重要なテーマは、会計監査人の独立性保持を確認することであり、そのために、監査環境の状況を監視するとともに、会計監査人に対する質問などを通してその状況の把握に努め、必要に応じて理事に改善を勧告しなければならない。
　　　○農協法において、監事は、会計監査人の各事業年度の計算書類等の監査の方法と結果の相当性を判断することを求められ、かつ、会計監査人の職務の遂行が適正に実施されることを確保するための体制に関する事項についても監事監査報告に記載しなければならない。そのためには、会計監査人が職業的専門家として遵守すべき、監査基準、品質管理基準、監査実務指針、監査法人の内規などの準拠状況や会計基準改正等に関する情報について、常日頃から会計監査人への質問や意見交換を通して確認することが望ましい。
　　　○会計監査人の任務懈怠に基づく組合に対する損害賠償責任は代表訴訟の対象とされており、また、監事と会計監査人とは連帯して責任を負うという法制になっている（農協法35条の6⑩、同37条の3②）。したがって、監事としては、会計監査人と適切な連携を図り、会計監査人に任務懈怠が生じることのないよう配慮する必要がある。

2 内部監査

　内部監査とは、組合においてどのような性格を持つ機能であるのか。そしてその担い手である内部監査担当者は、いかなる資質と独立性とを有し、かつ、組合内の各部門等に対してどのようなあり方をとるのか。また、内部監査部門は、自らの業務の質をどのように高めていくのか。他の監査とどのような関係にあるのか。ここでは、内部監査担当者が監査の実施にあたって遵守すべき事項、および実施することが望ましい事項を示している。

（注）本節は、2014（平成26）年6月に日本内部監査協会の「内部監査基準」が改訂されたことに伴い、改訂された「JA内部監査基準」(2018（平成30）年3月JA全中）によっている。

2-1　内部監査の意義

(1) 内部監査の本質

　内部監査とは、組合の事業経営目標の効果的な達成に役立つことを目的として、被監査部門等における内部管理態勢(注7)等の適切性・有効性を検証するプロセスである。このプロセスは、被監査部門等における内部事務処理等の問題点の発見・指摘にとどまらず、内部管理態勢等の評価および問題点の改善方法の提言等まで行うものである(注8)。

　これらの業務では、リスク・マネジメント、コントロールおよび組合のガバナンス・プロセスの有効性について検討・評価し、この結果としての意見を述べ、その改善のための助言・勧告を行うことが重視される。

（注7）コソレポート（68頁の注参照）における「internal-control」の訳語であり、他にも内部統制と訳される。なお、「内部管理態勢」の語を用いる場合は、内部統制にとどまらず、体制整備などを含むやや広い概念として用いられる場合が多い。
（注8）預貯金等受入系統金融機関に係る検査マニュアル（最終改正2018（平成30）年5月）においても同様の定義となっている。

(2) 内部監査の必要性

　組合が、その事業経営目標を効果的に達成し、かつ存続するためには、ガバナンス・プロセス、リスク・マネジメントおよびコントロールを確立し、選

択した方針に沿って、これらを効率的に推進することで、組合に所属する人々の規律保持と士気の高揚を促し、併せて社会的な信頼性を確保していくことが必要である。

　内部監査は、ガバナンス・プロセス、リスク・マネジメントおよびコントロールの妥当性と有効性を評価し、改善に貢献する。経営環境の変化に迅速に適応するように、必要に応じて、組合の発展にとってもっとも有効な改善策を助言・勧告するとともに、その実現を支援する。

　ガバナンス・プロセス、リスク・マネジメントおよびコントロールの評価は、権限委譲に基づく分権管理を前提として実施される。しかも、この分権化の程度は、組合が大規模化するにしたがい、より一層高度化する。

　この分権管理が組合の目標達成に向けて効果的に行われるようにするためには、内部監査によるその検討・評価が一層必要となってくる。

　この内部監査機能が効果的に遂行されることによって、次のような要請に応えることができる。

① 事業経営目標が組合の末端にまで浸透し、目標に沿った施策が効果的に実行されているかを検討・評価し、その改善を図ることによって目標の効果的達成を促進すること
② 内部統制システムの整備・運用状況を検討・評価し、その改善を図ることによって内部統制の目標（情報の信頼性、法令準拠性の確保、適切な事務処理、効率性の向上）をより効果的に達成するとともに、JA全国監査機構の監査の実施に資するものとすること
③ 識別されたビジネス・リスクに対応した効果的な内部統制システムの充実を促進すること
④ 組合の全体的な業務の実施状況や、部門間の連携状況を検討・評価し、その改善を図ることによって、組合全体としての円滑な業務運営を図り、経営活動のより一層の合理化を促進すること
⑤ 情報システムの有効性および効率性に関し、組合の求める水準を達成しているかを検討・評価し、その改善を図ることによって情報システムの効果的運用を促進すること

2-2 内部監査の独立性と体制整備

(1) 内部監査の独立性と客観性

　内部監査が効果的にその目的を達成するためには、検討・評価の結果としての助言・勧告が、公正不偏かつ客観的なものでなければならない。また、内部監査活動そのものについても、他からの制約を受けることなく自由に、かつ、公正不偏な態度で客観的に遂行し得る環境になければならない。

　このため内部監査機能は、その対象となる諸活動についていかなる是正権限や責任を負うことなく、組織的に独立し、また、精神的にも独立している必要がある。内部監査機能を独立した部門として組織化することは、内部監査担当者が内部監査の遂行にあたって不可欠な公正不偏な判断を堅持し、自律的な内部監査活動を行うための前提要件である。

　独立性または客観性が損なわれていると認められる場合には、内部監査部門長は、その詳細を、喪失の程度に応じて、組合長その他適切な関係者に報告しなければならない。

　内部監査担当者は、以前に責任を負った業務について、特別のやむを得ない事情がある場合を除き、少なくとも1年は当該業務に関する監査業務を行ってはならない。また、内部監査担当者は、兼務している部署にかかる内部監査を行ってはならない。

(2) 内部監査部門の体制整備

　独立性を組織機構上からも確立するためには、組合の体制整備として、内部管理態勢の充実に必要な専門的能力を有する内部監査担当者（専従者）数を確保する必要がある[注9]。内部監査は、全般的な事業経営目標の効果的達成に役立つことを目的として行われるものであるから、内部監査部門は、組織上、原則として組合長に直属し、同時に、経営管理委員会、理事会および監事への報告経路を確保する。

[注9] 農協内部監査士試験の合格者等で各事業精通者を専任で2名以上配置することが必要とされている（内部管理態勢にかかる指導基準（体制整備基準））（全中・農林中金「体制整備モニタリング実施要領」2019年10月から）

(3) 内部監査担当者の責任と権限

　内部監査を効果的に実施していくためには、その目的や活動範囲等ととも

に、内部監査担当者の責任および権限についての基本的事項、その他内部監査基準で求められている事項が、経営管理委員会、理事会および組合長、またはそれらのいずれかによって承認された組合の基本規程として明らかにされなければならない。また、内部監査部門長は、必要に応じ当該基本規程を見直し、経営管理委員会、理事会および組合長、またはそれらのいずれかの承認を得なければならない。

2-3 内部監査担当者の能力および正当な注意

内部監査は、その責任を果たすために、熟達した専門的能力と専門職としての正当な注意をもって遂行されなければならない。

(1) 専門的能力

内部監査担当者が、個々の職責を果たすに十分な知識、技能および能力を有していなければならないのみでなく、内部監査部門全体として、その職責を果たすために十分な知識、技能および能力を有していなければならない。これを欠く場合には、内部監査部門長は適切な措置を講じなければならない。

また、内部監査部門長は、部門全体として、内部監査の役割を果たすに十分な知識、技能およびその他の能力を有するよう適切な措置を講じなければならず、とくに内部監査担当者に対し、専門的知識、技能およびその他の能力を維持・向上することができるように支援しなければならない。

(2) 専門職としての正当な注意

内部監査担当者は、内部監査の実施にあたって、担当者としての正当な注意を払わなければならない。正当な注意とは、内部監査の実施過程で専門職として当然払うべき注意であり、とくに留意しなければならないものに、たとえば、次の諸事項がある。

① 監査証拠の収集と評価に際し必要とされる監査手続きの適用
② リスク・マネジメントおよびコントロールの妥当性と有効性
③ ガバナンス・プロセスの有効性
④ 重大な誤謬、不当事項および法令違反の兆候
⑤ 情報システムの妥当性、有効性および安全性

⑥　組織集団の管理体制
⑦　監査能力の限界についての認識とその補完対策（他の専門家の助力の利用など）
⑧　監査意見の形成および監査報告書の作成にあたっての適切な処理
⑨　費用対効果

なお、正当な注意は、まったく過失のないことを意味するものではない。また、専門職としての正当な注意を払って内部監査が実施された場合においても、重大なリスクのすべてが識別されることを意味するものではない。また、内部監査担当者は、職務上知り得た事実を慎重に取り扱い、正当な理由なく他に漏えいしてはならない。そして、内部監査部門長は、内部監査人が内部監査人としての正当な注意を払い、内部監査を実施するように、指導し、監督しなければならない。

(3) 専門的知識・技能の継続的な維持・向上

内部監査担当者は、内部監査の遂行に必要な知識・技能を継続的に研鑽し、その資質の一層の向上を図ることにより、内部監査の質的維持・向上、ひいては内部監査に対する信頼性の確保に努めることが必要である。

2-4　内部監査の品質管理

内部監査部門長は、個々の内部監査および内部監査部門全体としての品質を保証できるよう、内部監査活動の有効性を持続的に監視する品質管理活動を行わなければならない。また、品質管理活動に内部監査活動の有効性および効率性を持続的に監視する品質評価を含めなければならない。品質評価は内部評価および外部評価からなる。

内部評価は「内部監査部門の日常的業務に組込まれた継続的モニタリング」および「定期的自己評価、または組織内の内部監査実施について十分な知識を有する内部監査部門以外の者によって実施される定期的評価」を指し、後者は少なくとも年1回、実施されなければならない。

外部評価は、内部評価と比較して内部監査の品質をより客観的に評価する手段として有効であるため、組織体外部の適格かつ独立の者によって、定期的に実施されることが望ましい。

内部監査部門長は、年に1回を基本に、内部評価結果を経営管理委員会、理事会、組合長および監事に報告することとする。

2-5 内部監査の対象範囲と内容

(1) 内部監査部門の運営
　内部監査部門長は、内部監査が組合の経営目標の効果的な達成に役立つように、次の各事項を尊重し、内部監査部門を適切に運営しなければならない。

① **リスク評価に基づく計画の策定**
　　内部監査部門長は、組合の目標に適合するよう内部監査実施の優先順位を決定すべく、最低でも年次で行われるリスク評価の結果に基づいて内部監査計画を策定し、理事会の承認を得なければならない。
　　このリスク評価のプロセスで、経営管理委員会、理事会および組合長、またはそれらのいずれかからの意見を考慮しなければならない。また、内部監査部門長は、組織体内外の環境に重大な変化が生じた場合には、必要に応じリスク評価の結果を見直し、内部監査計画の変更を検討しなければならない。

② **計画の報告および承認**
　　内部監査部門長は、内部監査部門の計画および必要な監査資源について、監査実施過程で重大な変更が生じた場合にはそのことも含めて、経営管理委員会、理事会および組合長に報告し、そのレビューと承認を得なければならない。また、監査資源の制約により計画に影響が生じる場合には、その影響についても報告しなければならない。

③ **監査資源の管理**
　　内部監査部門長は、承認された内部監査計画の達成のために、適切かつ十分な監査資源を確保し、これを効果的に活用しなければならない。

④ **方針および手続き**
　　内部監査部門長は、内部監査部門の運営方針およびその手続きを確立しなければならない。

⑤ **調整**
　　内部監査部門長は、適切な監査範囲を確保し、かつ、業務の重複を最小限に抑えるために、JA全国監査機構、監事の業務のうち重複するも

のとの調整を図らなければならない。調整にあたって、内部監査部門長は、JA全国監査機構、監事等の内部監査部門以外の組合内外の関係者と情報を共有するものとする。

⑥ **内部監査業務の外部委託**

内部監査部門長は、内部監査業務を外部に委託する場合であっても、当該業務に責任を負わなければならない。

⑦ **経営管理委員会、理事会、組合長および監事への報告**

内部監査部門長は、内部監査計画に関連する内部監査部門の目的、権限、責任および業績について、定期的に経営管理委員会、理事会、組合長および監事に報告しなければならない。また、これらに加えて、ガバナンス・プロセス、リスク・マネジメントおよびコントロールに係る問題点、その他経営管理委員会、理事会、組合長または監事によって必要とされる事項も報告する必要がある。

(2) 内部監査の対象範囲

内部監査は、原則として組合に係るガバナンス・プロセス、リスク・マネジメントおよびコントロールに関連するすべての経営諸活動を対象範囲としなければならない。また、組織体の目標を達成するよう、それらが体系的に統合されているかも対象範囲としなければならない。なお、対象範囲の決定にあたっては、監査リスクが合理的水準に抑制されていなければならない。

① **ガバナンス・プロセス**

内部監査部門は、ガバナンス・プロセスの有効性を評価し、その改善に貢献しなければならないとともに、以下の視点から、ガバナンス・プロセスの改善に向けた評価をしなければならない。

ⅰ）組合として対処すべき課題の把握と共有
ⅱ）倫理観と価値観の高揚
ⅲ）アカウンタビリティの確立
ⅳ）リスクとコントロールに関する情報の、組合内の適切な部署に対する有効な伝達
ⅴ）経営管理委員会、理事会、組合長、監事、会計監査人および内部監査担当者の間におけるそれら活動の効果的な調整と情報の伝達

内部監査部門は、組合の倫理上の目的、倫理プログラムと倫理活動の

設計、その実施と効果について評価しなければならない。

　なお、子会社および資本・支配関係がおよぶ関連会社についての監査は、グループ全体の健全な発展という観点から、当該会社の経営者や関係者の理解を求め、十分な調整と意見の交換を行うなどにより、相互の信頼関係のうえに立って実施されることが望ましい。

② リスク・マネジメント

　内部監査部門は、組合のリスク・マネジメントの妥当性および有効性を評価し、その改善に貢献しなければならない。

　　ⅰ）内部監査部門は、組合のガバナンス、業務の実施および情報システムに関連する潜在的リスクを以下の視点から検討・評価しなければならない。
　　　　・組合の全般的または部門目標の達成状況
　　　　・財務および業務に関する情報の信頼性と完全性
　　　　・業務の有効性と効率性
　　　　・資産の保全
　　　　・法令、方針、定められた手続きおよび契約の遵守
　　ⅱ）内部監査部門は、組合のリスクの受容水準に沿った適切な対応が選択されているかを評価しなければならない。
　　ⅲ）内部監査部門は、識別されたリスクの評価が適時に組合の必要と認められる箇所に伝達されているかを評価しなければならない。
　　ⅳ）内部監査部門は、組合が不正リスクをいかに識別し、適切に対応しているかを評価しなければならない。

③ コントロール

　内部監査部門は、組合のコントロール手段の妥当性、有効性および効率性の検討・評価と、組合内の各人に課せられた責任を遂行するための内部管理態勢等の適切性と有効性の検討・評価とにより、組合が効果的なコントロール手段を維持するように貢献しなければならない。

　内部監査活動は、以下の視点から、組合のガバナンス・プロセス、リスク・マネジメントに対応するように、コントロール手段の妥当性と有効性を評価しなければならない。

　　ⅰ）組合の全般的または部門目標の達成状況
　　ⅱ）財務および業務に関する情報の信頼性と完全性

ⅲ）業務の有効性と効率性
　　　ⅳ）資産の保全
　　　ⅴ）法令、方針、定められた手続きおよび契約の遵守

(3) 内部監査実施計画
　① 内部監査担当者は、個々の内部監査について目標、範囲、実施時期および資源配分を含む計画を策定し、これを文書としておかなければならない。個別計画の策定にあたっては、以下の諸点を考慮しなければならない。
　　　ⅰ）対象部門の目標および当該部門がその業績を管理する手段
　　　ⅱ）対象部門の目標および経営資源に対する重大なリスク
　　　ⅲ）対象部門のリスク・マネジメントおよびコントロール・システムの妥当性と有効性
　　　ⅳ）対象部門にかかわる前回の内部監査の結果
　② 内部監査担当者は、策定した実施計画について内部監査部門長の承認を得なければならず、その修正についても速やかに承認を得なければならない。
　③ 内部監査担当者は、内部監査の目標を達成するための内部監査実施計画を策定し、これを文書としておかなければならない。
　④ 内部監査担当者は、内部監査実施計画書において、監査業務の遂行過程で必要な情報を識別、分析、評価し、これを記録するための手続きを定めなければならない。
　⑤ 実施計画は内部監査の開始に先立って承認されなければならず、また、その修正についても速やかに承認されなければならない。

(4) 内部監査の実施
　内部監査担当者は、内部監査の目標を達成するために質的かつ量的に十分な情報を識別、分析、評価し、この過程を記録しなければならない。
　① **情報の識別**
　　　内部監査担当者は、内部監査の目標を達成するために質的かつ量的に十分であり、信頼性、関連性があり、かつ、有用な情報を識別すること。
　② **情報の分析および評価**

いかなる結論も内部監査担当者による情報の適切な分析と評価に基づくことが求められる。

③ **監査調書の作成および保存**

内部監査担当者は、結論および当該結論にいたる過程を監査調書として作成し、内部監査部門長の承認を得なければならない。内部監査部門長は、監査調書を適切に保存し、内部監査に関する記録へのアクセスを管理しなければならない。また、内部監査部門長は、組合の指針および関連規則、その他の要件と整合した内部監査記録の保管に関する要件を設定するものとする。

④ **内部監査の監督**

内部監査部門長は、内部監査の品質を確保したうえで、内部監査の目標を達成するように内部監査業務を適切に監督しなければならない。

2-6 内部監査の報告とフォローアップ

(1) 内部監査結果の報告

① **報告先と報告手段**

内部監査部門長は、内部監査の活動結果を、経営管理委員会、理事会、組合長、監事および指摘事項等に関し適切な措置を講じ得るその他の者に報告しなければならない。内部監査部門長は、最終報告として、内部監査報告書を作成しなければならない。

法令または規則により別途必要と定められている場合を除き、内部監査部門長は、組合外部の者に結果を提供する場合には、事前に以下のことを行わなければならない。

　ⅰ) 結果の公表によって生じる可能性のある、組合に対する潜在的リスクの評価
　ⅱ) 組合長の承認
　ⅲ) 結果の使用および配付先の制約についての検討

内部監査担当者は、内部監査報告書の作成に先立って、対象部門や関連部門への結果の説明、問題点の相互確認を行うなど、意思の疎通を十分に図る必要がある。これによって、実効性の高い監査報告書の作成と、迅速な改善・是正措置の実現を促し、内部監査の実施効果と信頼性をよ

り一層高めることができる。

内部監査の結果に関する報告は原則として文書によることとし、緊急度または重要度の高い事項等があるときは、必要に応じ、口頭による説明を併用することがあってもよい。

② **報告規準**

報告には、適切な結論、勧告および是正措置の実施計画と並んで、内部監査の目標と範囲を含めなければならない。

内部監査の結果には、十分かつ適切な監査証拠に基づいた内部監査担当者の意見を含めなければならない。

内部監査担当者は、意見の表明にあたって、組合長、理事会およびその他の利害関係者のニーズを考慮しなければならない。

組合外部に内部監査結果を提供する場合には、配付と使用方法に関する制限があることを監査報告書に付記しなければならない。

③ **報告の品質**

報告は、正確、客観的、明瞭、簡潔、建設的、完全かつ適時なものでなければならない。もしも最終報告に重大な誤謬または脱漏がある場合には、内部監査部門長は、訂正した情報をその報告を受けたすべての関係者に伝達しなければならない。

(2) 内部監査のフォローアップ

内部監査部門長は、内部監査の結果に基づく指摘事項や改善提案事項について、対象部門や関連部門がいかなる改善・是正措置を講じたかに関して、その後の状況を継続的に調査・確認するためのフォローアップ・プロセスを構築し、これを維持しなければならない。

内部監査部門長は、是正措置が実現困難な問題等については、その原因を確認するとともに、阻害要因の除去等についての具体的な方策を提言するなどフォロー活動を行う必要がある。

また、内部監査部門長は、組合にとって許容され得ないようなリスクを担当役員、事業部門長等が許容していると判断した場合、当該問題について、それら役員等と討議しなければならない。さらに、討議の結果、問題を解決できないときには、それら役員等および内部監査部門長は、問題を経営管理委員会、理事会、組合長および監事に報告しなければならない。

2-7 内部監査と監事監査・会計監査人監査との連携

(1) 監事監査・会計監査人監査との協力関係

　監事監査は理事等の職務執行を監査し、会計監査人の監査は財務諸表等について監査意見の表明を行うなど、内部監査と監事監査・会計監査人の監査は主要な監査対象と立場を異にするものの、いずれの監査も、組合における内部管理態勢の整備とその適切な運用を重要な前提としていることから、監査を実施する過程で組合の内部管理態勢の問題点を把握・発見することとなる(注10)。

　このため、経営管理委員会、理事会および組合長は内部監査、監事監査、会計監査人の監査の監査計画における連携・調整や、監査結果についての相互の情報提供等協力関係を確保できるよう配慮する必要がある。

(注10) 内部監査、監事監査、会計監査の三者は、三様監査と呼ばれる。

(2) 監事監査、会計監査人の監査および行政検査の指摘事項等の改善状況の管理

　内部監査部門は、監事監査、会計監査人の監査および行政検査の指摘事項等の改善状況について管理を行う必要がある。

第5章 経営組織

1 系統組織

(1) 連合会と中央会

　JAは、今日では、さまざまな連合会を組織し、その連合会を通して事業を行っている。これら連合会の中心となっているのは、都道府県単位で組織されている連合会(都道府県連)と全国単位で組織されている連合会(全国連)である。連合会とはやや性格の異なる指導機関として中央会があり、都道府県JA中央会(都道府県中)および全国JA中央会(JA全中)が組織されている。

　JAの主力は総合JAであるが、連合会と中央会の事業はそれぞれ単営である。これは、直接的には農協法の規定によるものであり、信連と共済連はそれぞれ他の事業を行うことを禁止されている。また、中央会は特別の指導機関として、物や金を扱う事業を行わない純然たる指導機関として位置付けられている。

　このように総合JAを主力として、都道府県連、都道府県中、全国連、JA全中を形成している全国的なJAの組織は、3段階の系統組織(JAグループ)と呼ばれている。

(2) 系統組織の特徴と機能分担

① 地域分権的な構造

　系統組織の特徴の第1は、全体として極めて分権的だということである。一般企業の場合は、規模拡大を行い、いかに権限委譲を行おうと、企業としての最終的意思決定権限は本社にあるが、JAの系統組織では、全国連やJA全中が本社となるわけではない。あくまでも組合員が構成する単位JAを基礎とし、その連合体として全国的な規模に積み上がる形をとる。個々のJAや連合会・中央会は、会員関係により相互に密接な関連を持ちながら、あくまでも独立した別個の法人格を持つ経営体として、その意思決定の自由を持っている。

　このような系統組織の分権的な構造は、単に分権的であるというだけ

でなく、各組織がそれぞれの地域に根ざしているという点でも極めて特異なものである。これは、それぞれの地域的な自然条件のなかで農業を行っている農家の人的結合体としてのJAの特性に根ざしている。分権的な系統組織の仕組みは、農家やJA、さらには連合会の地域性に基づく自主性を発揮しやすくしつつ、かつ全国的に規模拡大したJAの発展形態といえる。

② 事業別連合と総合JA

系統組織の第2の特徴は、JA段階では総合JAが主力となっているのに対して、連合会・中央会では事業が単営という点にある。長い歴史を経て現在のような形態となったが、事業の専門性・効率性の要求に見合うものといえる。

JAでは、JAの特殊性から総合経営が主力となるが、一般企業では、専門性と効率性の追求から分業に基づく事業の単営が一般的である。JAもそうした単営の一般企業と競争せざるを得ない以上、事業別の専門性・効率性の追求は不可欠である。連合会や中央会の単営は、そうした事業別の効率性の追求の結果であり、それは農家から相対的に離れた位置にある連合会や中央会において初めて可能であり、また必要なのである。

③ 合併と機能分担

3段階の系統組織は、あくまでもJAがその基盤であり、JAの規模拡大の必要性を満たすために形成され、機能している。したがって、合併によってJAの規模が拡大することにより、連合会や中央会の機能の再編成が必要となってくる。

連合会・中央会の支所の統廃合や、連合会・中央会の役員を共通にして、より強固な統一した意思決定を可能にしようとするための共通役員制、さらには連合会・中央会の全国連・JA全中との統合（合併、事業譲渡、機能統合など）による2段階制への移行は、そうした再編成過程の一環と見ることができる。

④ 中央会制度の廃止

2015（平成27）年の農協法改正において、「全中、県中とも後継組織が業務を行うにあたり法的裏付けは必要ない」「全中監査の義務付けは廃止することが必要である」（いずれも規制改革会議2014（平成26）年

11月12日「農業協同組合の見直しに関する意見」)や「単位JAの自由な経営展開を尊重」(JA改革等法案検討PT2015 (平成27) 年1月29日)等の意見を踏まえて、これまでの農協法上の中央会制度は廃止され、2019 (平成31) 年10月1日までに組織変更することとなった。

　JA全中は一般社団法人に (改正法附則第21条)、都道府県中は非出資のJA連合会に組織変更することになる (同法附則第12条)。なお、中央会制度は廃止されるが、都道府県中はこれまで同様、組織・事業・経営の相談、監査、会員の意見の代表、総合調整の事業を行う間は、農業協同組合中央会の名称を使用でき (同法附則第18条)、全中は社員である組合の意見の代表と総合調整の事業を行う間は、全国農業協同組合中央会の名称を使用できることとされた (同法附則第26条)。

　会員である組合の求めに応じてする業務監査は、県中の事業として残されたが、中央会監査制度そのものが廃止されたことから、JA全中のJA全国監査機構監査は、JA全中の一般社団法人化に併せて立ち上げられた新たな監査法人 (みのり監査法人) へ機能移管 (2019 (平成31) 年度から本格稼働予定) することになる。

(3) 組合の組織変更

　2015 (平成27) 年の農協法改正によって、出資組合はその事業 (信用事業および共済事業を除く) の新設分割 (第70条の2から第70条の8)、信用事業または共済事業を行うものを除く出資組合の株式会社への組織変更 (第4章第1節)、非出資組合等の一般社団法人への組織変更 (第4章第2節)、信用事業または共済事業を行うものを除く単位JAの消費生活協同組合への組織変更 (第4章第3節)、病院等を開設する組合の医療法人への組織変更 (第4章第4節) ができることとされた。

2　JAにおける経営組織のパターン

(1) JAに見られる経営組織の類型

　JAの経営組織は一般に、①基幹支所制、②地域事業部制、③集中・分散制、④事業別事業部制の四つに分類される。

　このうち、②と④は利益責任単位を地域に置くか、事業に置くかの差異である。一般的には県域JAにおいて地域事業部制が採用されている。

　①は、合併直後の旧JAの事務処理などを尊重した経過的な形態が多い。③は、大型の施設を有する場合に、投下経営資源の大きさゆえに特定施設を本所直轄管理する場合に見られる。

　職務分権制、事業部制のいずれにせよ、分権的組織がその機能を発揮するには、予算管理のなかで、利益とコストを明確に各部に責任とともに賦課しなければ機能しないから、予算管理制度の定着が不可欠で、どの事業部門を組み合わせて利益責任単位とするかは、各JAで十分に吟味する必要がある。

(2) 支所機能の問題

　本所・各センターの組織形成と機能整備の検討のなかで、もっとも重要で苦労するのが支所の扱いである。とくに合併JAで、この問題を避けることは、JA機能に歪みをもたらす。これまでの支所は、職制上の扱いは別として本所各部からの指示・命令と支所長からの指示・命令という複数の指示・命令を、支所の各係が受け取る（ワンマン・ツーボス）という意味で、いわゆるマトリックス組織であった。事業部制の構築とは、これらの指示・命令系統の一元化を図る取組みと解釈できる。

　支所に見られるマトリックス組織は、JAにおいては、地域の組合員等利用者ニーズに総合的に対応しつつ（支所長の判断優先）、JA全体の観点から本所の指示を遂行する（共済の一斉推進など）組織形態として合理性を有していたといえよう。この組織形態で現在の競争激化する環境変化に対応できるか否かの観点からの再検討が必要なのである。

　市場で生き残れる（支所損益がコスト部門の損失を補いかつ将来投資のた

めの内部留保財源を賄う）と判断できるのであれば、支所併設の小規模生産資材店舗や、支所による当用配送の廃止など、敢えて特定の組合員が反対する支所機能再編は必要ない。

　販売機能については、集出荷・選果場などの施設機能の高度化・集約化について、大方の合意が得られつつあるようだ。農産物の販売に関しては、組合員が置かれている市場化の程度が高い（有利販売の要望が大きい）ということであろう。もっとも、生産資材についても商系の攻勢激化のもとで、大口利用者を中心に、合意形成の機は熟していると判断できるだろう。

　支所機能の再編を中心とした経営組織の構築に際して多く見られる失敗は、支所が組合員等利用者のJA事業利用の拠点であり、総合的なニーズを抱え来訪していることを、失念しているように見受けられることから生ずる。

　たとえば、支所を信用事業の観点からのみ分類（店質分類など）し、経済事業の観点が欠落している場合である。支所来訪（来店）調査などによれば、生産資材の購買を目的とした来訪を無視できないなかで、経済事業機能とセットにした検討、いわば全体最適の観点からの検討がなされないと、組合員等利用者の合意は形成されにくいのである。

(3) 検討の視点

　経営組織は、経営戦略にしたがって随時見直し、検討が必要である。JAの事業機能・体制整備の一環として、地域の農業生産基盤や組合員等利用者ニーズの変化を踏まえ、本所（店）・支所（店）・施設機能の見直しと再編対策に取り組む必要がある。

① 　支所（店）については、組合員等利用者の利便性確保の観点を踏まえ、組合員との日常的なふれあい機能を充実する一方、地域の実情と組合員等利用者ニーズの変化に応じて、総合機能を備えた支所（店）と信用・共済事業など特定機能に集約化した支所（店）に再編するなど、機能強化と整備に取り組む。

② 　施設については、施設機能の高度化・物流の合理化・施設運営の効率化などを図る観点から、経済事業を中心とする施設の統廃合などに取り組む。

③ 　支所（店）・施設の見直しにあたっては、組合員の利用状況、マーケティング調査などを踏まえて進める。とくに組合員が支所（店）・施設機能

の高度化などによって受益する総合メリットや代替サービスによる利便性の確保などに留意する。

④ 組合員等利用者ニーズの把握と、これへの的確・迅速な対応を図るため、支所（店）などに総合相談担当部署（担当者）を設置する。信用・共済商品、生活用品などを的確に紹介・提案できる専門的知識を有した専任担当者（ライフ・アドバイザー、ファイナンシャル・プランナーなど）を養成し、相談・提案型渉外活動を基本に据えた事業推進を図る。

支所機能再編・施設統廃合検討プロセス（例）

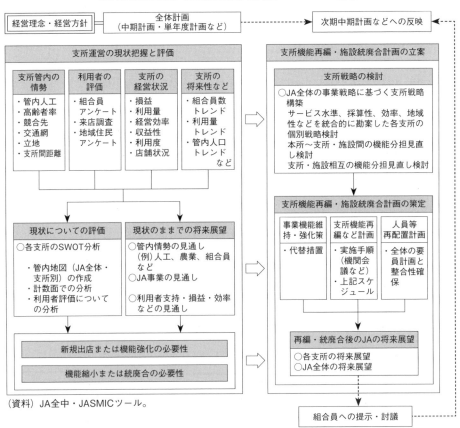

（資料）JA全中・JASMICツール。

(4) 経営組織別業務分担例

◎主管部署　　○関連部署

	経営管理機構 部署	基幹支所制			地域事業部制		集中・分散制		事業別事業部制						
項目		本所	基幹支所	一般支所	本所	支所	本所センター	支所	総合企画	管理	経済	信用	共済	支所センター	監査室
企画管理	戦略的経営方針の樹立														
	中・長期計画の策定	◎	○		◎	○	◎	○	◎	○	○	○	○		
	目標の設定														
	経営会議	◎	○		◎	○	◎	○	◎	○	○	○	○		
	支所事業別検討会		◎	○		◎		◎		○	○	○	○	◎	
	事業目標設定指針の提示	◎	○		◎	○	◎	○	◎	○	○	○	○		
	事業別年間計画の検討	◎	○		◎	○	◎	○	◎	○	○	○	○		
	事業計画・実施計画の徹底		◎	○		◎		◎		○	○	○	○	◎	
	損益計画の策定	◎	○		◎	○	◎	○	◎	○	○	○	○		
	損益計画の徹底		◎	○		◎		◎		○	○	○	○	◎	
	計画の管理（実績、損益）														
	月別・事業別計画と実績比較	◎	○		◎	○	◎	○	◎	○	○	○	○		
	月別・事業別計画実施と管理		◎	○		◎		◎		○	○	○	○	◎	
	決算見込みの作成	◎	○		◎	○	◎	○	◎	○	○	○	○		
	計画修正などの検討と指示	◎	○		◎	○	◎	○	◎	○	○	○	○		
	上位対策の検討と実施		◎	○		◎		◎	◎	○	○	○	○	○	
	自己資本充実計画の策定・実施	◎	○		◎	○	◎	○	◎	○				○	
	組合員対応														
	組合員の実態・意向把握														
	支所単位	◎	○		◎	○	◎	○	◎	○	○	○	○		
	個別		◎	○		◎		◎						◎	
	組合員情報による対策決定	◎	○		◎	○	◎	○	◎	○	○	○	○		
	組合員情報の整備			◎		◎		◎						◎	
	地域イベントへの参画	◎	○		◎	○	◎	○	◎	○	○	○	○		
	集落行事への参画		◎	○		◎		◎						◎	
	集落座談会の実施		◎	○		◎		◎						◎	
	組合員訪問の実施		◎	○		◎		◎						◎	
	組織・運営対応														
	組合員組織に対する事業企画	◎	○		◎	○	◎	○	◎	○	○	○	○		
	組合員組織に隊留守個別対応		◎	○	○	◎		◎						◎	
	総代会・理事会などの開催	◎			◎		◎		◎						
	支所運営委員会の開催		◎	○		◎		◎		○	○	○	○	◎	

2 JAにおける経営組織のパターン

◎主管部署　○関連部署

項目	部署	基幹支所制 本所	基幹支所	一般支所	地域事業部制 本所	支所	集中・分散制 本所センター	支所	事業別事業部制 総合企画	管理	経済	信用	共済	支所センター	監査室
人事労務	中・長期要員計画の策定	◎			◎		◎			◎					
	職員の採用、配置、異動	◎			◎		◎			◎					
	臨時職員の採用、管理		◎	○	◎	○	◎	○		◎	○	○	○	○	
	複線型人事管理の運用	◎			◎		◎			◎	○	○	○	○	
	職能資格制度の実施	◎			◎		◎			◎					
	人事考課制度の実施	◎	○		◎	○	◎	○		◎	○	○	○	○	
	定期異動の実施	◎			◎		◎			◎					
	就業管理	◎	○		◎	○	◎	○		◎	○	○	○	○	
	賃金管理	◎	○		◎	○	◎	○		◎	○	○	○	○	
	福利厚生制度の運用	◎			◎		◎			◎					
	能力開発計画の実施	◎			◎		◎			◎					
	提案制度、自己申告制度の運用	◎	○		◎	○	◎	○		◎	○	○	○	○	
	労使関係の調整	◎			◎		◎			◎					
	人事情報・労務諸統計の管理	◎			◎		◎			◎					
経理	賃金管理方針の設定（信用除く）	◎			◎		◎			◎					
	賃金の調達・運用管理	◎			◎		◎			◎					
	統合日計の作成	◎	○	○	◎	○	◎	○		◎	○	○	○	○	
	未払金、経費支払い（予算）の管理	◎	○		◎		◎			◎					
	決算方針の決定、財務諸表作成	◎			◎		◎			◎					
	消費税・法人税の管理	◎			◎		◎			◎					
	事務管理														
	事務標準化方針の決定	◎			◎		◎			◎					
	事務改善の提案	◎	○		◎	○	◎	○		◎					
	コンピューターの運用				◎		◎			◎					
	端末機などの管理	◎	○		◎	○	◎	○		◎	○	○	○	○	
	総合OAの推進	◎			◎		◎			◎					
総務	渉外（行政対応も含む）	◎	○		◎	○	◎			◎	○	○	○		
	文書管理	◎			◎		◎			◎					
	庶務管理	◎			◎		◎			◎					
	固定資産管理	◎	○		◎		◎			◎	○	○	○		
	出資金管理	◎	○	○	◎	○	◎	○		◎					○
	賦課金管理	◎			◎		◎			◎					○
監査	内部監査の実施	◎			◎		◎									◎
	監事監査の補完	◎			◎		◎									◎
	内部監査員の養成	◎			◎		◎									◎

3 事業部制を志向した経営組織と機能の分類

　JAの経営組織は、事業別意思決定の迅速化、事業別損益管理・業績評価の明確化、事業別機能集約化による専門性の強化などの観点から、事業部制（事業別事業部制）を志向した経営組織を構築し機能を整理する必要がある。事業部制導入に伴い発生する事業別セクショナリズム、事業部間不調整、経営資源の重複などについては、企画管理機能の強化により克服する。

　事業部制を検討するにあたっては、事業ごとに分散している経営資源を集約し利益責任単位として事業展開するか否かを、経営組織形態選択の前提に置くのがよい。一般企業のように人事権限や一定の額を超える設備投資の権限を各事業部に委譲することは想定していない。

3-1　本・支所（店）機能の整備

(1)　本所（店）機能

① 　本所（店）の機能は、JA全体を代表・統括する機能、共通して管理する機能、各事業を統括管理する機能であり、管理・統括が本来的機能となる。

② 　管理・統括機能以外の機能を持たせる場合は、総合的機能発揮を可能にし、組合員等利用者の利便性を高めるように努め、JAのシンボルとしての機能を発揮させるよう措置する。

③ 　事業機能のうち、公共法人・地域開発などへの融資、国債窓販業務、共済事故対応、旅行など専門的相談対応については、職員を集中することにより専門的なニーズに対応できる領域であり、かつ、重要・高度な判断を要する業務であるので、本所（店）に専門部署を設置し機能を発揮させる。

④ 　営農指導、生活相談、販売事業など専門的対応を担う機能については、本所（店）機能として位置付け、地域の特性がいかされる単位（センター）に分散して対応する。

⑤ 本所（店）機能とセンター機能の整理

本　所（店）
・総務・総合企画：共通的管理・統括機能 ・信　用：事業統括機能および専門機能、部門の企画・管理機能、融資審査、為替など本部機能、余裕金運用 ・共　済：事業統括機能および専門機能、部門の企画・管理機能、事故対応、推進統括、契約管理など

広域営農センター（メインセンター）		
営農指導	営農企画担当	地域農業企画、広域行政対応、経営相談、センター運営管理
販　売	作物別担当	生産・資材・販売一貫対応、関連施設運営管理、部会対応
購　買	営農サービス事業担当	作業受委託、土壌診断、育苗など営農サービス事業
	資材・物流担当	物流（配送センター）、資材店舗対応
	農機担当	農機センター対応

（注）本所（店）の所在地への設置が望ましいが、本所（店）とは別の営農地帯に設置することも考えられる。機能は集約するが、関連施設の配置にあたっては経済効率・組合員の利便性などに配慮する。

市町村営農センター（サブセンター）		
営農指導	地域営農企画担当	行政との連携・調整、地域農場システムづくり

（注）① 行政区域に1か所または地域の各営農地帯に設置する。
　　　② 購買、販売、営農関連施設は、経過的に必要に応じて設置し、機能を付与する。

生活総合センター（メインセンター）	
購　買	生活資材仕入れ、供給事業（組織購買、食材宅配など）、施設運営、大型生活店舗事業、SS事業、PRなど
生活相談	生活相談（相談サービスカウンター）、旅行センター事業（旅行相談・実施）、葬祭事業、文化活動、高齢者福祉活動、組織事務局（委員会・女性部など）
資産管理	専門的資産管理対応、面的整備対応、組織事務局
その他	専門的な信用・共済窓口機能を併設 生活店舗、SSなど

（注）① 本所（店）の所在地に併設することが望ましい。
　　　② 生活総合センターにおいて大型生活店舗を設置する場合は、大型標準店舗（450坪）が望ましい。

地域生活センター（サブセンター）	
生活相談	生活店舗事業、SS事業、生活相談（相談サービスカウンター）、旅行事業（旅行相談・実施）、葬祭事業、文化活動、高齢者福祉活動、組織事務局（委員会・女性部など）
資産管理	資産管理相談、取次機能、組織事務局、相談業務
その他	旅行センターなど専門的相談の取次機能 専門的な信用・共済窓口機能を併設 生活店舗、SSなどを併設

(注) ① 行政区域に1か所、または地域の拠点支所（店）に設置する。
　　 ② 生活店舗とSSの立地については、JAの実態に応じ選定する。

⑥ 共通的管理・統括機能の経営組織

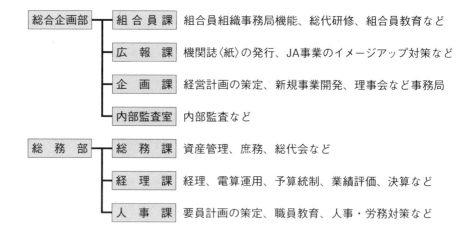

(2) 支所（店）機能

　支所（店）は、組合員等利用者のJA事業利用や活動の拠点となるもっとも基本的な機能を果たすところであるが、広域営農センター、生活総合センターなど、経済事業機能・施設のセンター化に伴い、金融機能などに特化していくことが想定されることから、以下により支所（店）機能の見直しを図る。
　組合員等利用者のJA事業利用や活動の拠点となる機能をすべての支所（店）に付与することがこれまでの支所（店）のあり方であった。一部のJAを除いては、現状の支所（店）の配置状況、職員体制および現状の経営環境下においては、相当困難な状況といわざるを得ないことから、地域に分散し

た経済事業機能をセンター（専門的対応ができる機能を有する）に集約し、支所（店）を日常的な組合員対応ができる機能に限定していくことが効率的かつ現実的である。

したがって、支所（店）が有すべき機能は、基本的に日常的金融サービス、身近な生活相談、ふれあい活動（集落組織に係る領域）機能を中心とし、経済事業は取次機能として整理することが望ましい。JA全中の指針[注12]によれば、廃止できないライフライン的な支所・支店が次のように定義されている。

「ライフライン的な支所・支店」とは、その支所・支店がなければ、組合員等地域住民の生活が困ってしまう命綱のようなものであり、廃止した場合に代替策をもって対応できない支所・支店であり、具体的には、以下の条件に該当する支所・支店。

① 島嶼部で、支所・支店管内にほかの金融機関（含む郵便局）がない、あるいはほかに生活資材供給店がない場合。

② 山間部で、支所・支店管内にほかの金融機関（含む郵便局）がなく、あるいはほかに生活資材供給店がなく、かつ、ほかの支所・支店との距離が相当に離れており、廃止した場合に組合員等地域住民の利便性が著しく損なわれる場合。

(注12) JA全中「JAグループ全体で取り組むJAの支所・支店体制再構築指針」2004（平成16）年5月

3-2 本・支所（店）機能分担のイメージ

■基本機能　　▨補完機能

主な機能		本　所（店）		支　所（店）
		広域営農センター	市町村（地域）営農センター	
1. 営農指導機能				
(1)中・長期営農計画の策定	①中・長期計画の策定・推進	■		
	②単年度計画の策定・推進		■	
	（うち水田転作への対応）		▨	
(2)農用地利用調整の推進		▨	■	
(3)営農相談・指導	①専門的技術指導および開発	■		
	②経営・税務相談	■	■	
	③指導員・相談員の教育など	■		
(4)生産者組織の育成と運営			■	支援
(5)行政対応		■	■	
2. 販売・生産購買事業機能				
(1)販売事業	①販売企画、販売開拓	■		
	②農産物の検査、集・出荷	■	※	
	③販売代金の精算	■		
	④営農関連施設の運営・管理		■ ※	
(2)生産購買事業	①購買企画、計画策定	■		
	②予約の取りまとめ		■	支援（取次）
	③発注	■		
	④供給	■	※	
	⑤配送　予約	■	※	
	当用	資材店舗	※	

（注）① 市町村営農センターに地域担当業務が付加されている場合は、市町村営農センターの基本機能に含まれる。
　　　② 支所（店）は、金融店舗に特化していることを想定している。したがって、広域営農センターと市町村営農センターで営農関連の経済事業の基本業務は完結する。
　　　③ 経過的に、市町村営農センターにおいて、※の補完機能を残置することが考えられる。

3 事業部制を志向した経営組織と機能の分類

■基本機能　■補完機能

主な機能		本　所（店）		支　所（店）
		広域営農センター	市町村（地域）営農センター	
3. 生活相談機能				
(1)生活活動計画の策定	①中・長期計画の策定・推進	基本		
	②単年度計画の策定・推進	補完	基本	
(2)生活関連組織の育成と運営（女性部を含む）		基本	基本	支援（取次）
(3)生活相談・指導	①専門的生活相談	基本		
	②日常的生活相談		基本	基本
	③指導員・相談員の教育など	基本		
(4)生活・文化施設の運営と管理		基本	基本	地区限定施設
4. 地域振興・資産管理機能				
(1)地域振興、まちづくり		基本	基本	
(2)資産管理	①資産管理、税務相談	基本	補完	
	②仲介、斡旋	基本		
	③協議会などの育成と運営	基本	基本	支援
5. 生活購買機能				
(1)店舗、購買企画、計画策定		基本		
(2)組織購買予約、とりまとめ		補完	基本	支援（取次）
(3)発注		基本		
(4)供給		基本（併設店舗スタンドなど）		
(5)配送	①予約	補完	基本	支援（取次）
	②当用	基本（併設店舗スタンドなど）		
6. 旅行機能				
(1)企画、計画策定		基本		
(2)旅行相談		基本		
(3)推進、実施		基本	基本	支援（取次）

（注）支所（店）は、金融店舗に特化していることを想定している。したがって、日常的生活相談を除き、生活総合センターと地域生活センターで生活関連の経済事業の基本業務は完結する。

■基本機能　■補完機能

主な機能		本　所（店）		支　所（店）
		広域営農センター	市町村（地域）営農センター	
7. 信用事業機能				
(1)事業普及、企画、計画策定		■		
(2)融資	①審査	■		
	②実行	専決基準などにより異なる		
(3)貯金・為替決済など	①本部	■		
	②窓口			■
(4)渉外管理		■(補)	■	
(5)余裕金運用		■		
8. 共済事業機能				
(1)企画、計画策定		■		
(2)事業推進	①渉外			■
	②窓口			■
(3)事務処理、契約保全（掛金収納など）				■
(4)事故処理、事故相談			■(補)	■
(5)共済金の支払い				■
(6)福祉サービス		■		
9. 組合員組織など（営農・生活組織除く）				
(1)組合員組織育成・活性化方策の策定		■		
(2)組合員加入促進	①企画	■		
	②実行		支援	■
(3)集落組織への情報伝達、取りまとめ				■
(4)地区運営委員会の運営		■	■	参画
(5)集落座談会	①企画	■		
	②実施		支援	■
(6)准組合員対策	①企画	■		
	②実施		支援	■

3-3 施設機能

　施設を配置する場合には、組合員の利便性と、施設運営の合理性・効率性の両面から検討しなければならない。このためには施設の規模・能力・機能水準をどう設定するかがポイントであり、施設の規模・能力・機能水準によってその施設が管理すべき地域が設定される。

　既存の小規模施設（限定地区施設は除く）については、集約統合により広域化、大規模化、高機能化をめざす。特定の地区に限定された施設については、健全な収支構造の維持を前提として、運営を地区の生産者・組合員などと一体となって行う（受益者負担を前提とした運営に転換する）。

　なお、今後の施設の設置にあたっては、ほかの店舗機能や各種の施設を集中設置し、複合化・総合化して、いわゆるワンストップ・ショッピングの場づくりとなるよう立案し、利用者の利便性を高め、施設の管理運営の効率化を図ることがポイントである(注13)。

(注13) 経済事業改革のなかで、物流・農機・ＳＳ・Ａコープの拠点型事業については、県域で経営改善のためのマスタープランを作成して取り組むこととなっている。カントリーエレベーターなどの共同利用施設は、収支を把握したうえで、利用率向上、適切な利用料の設定、施設の再編、受益組織への移管などの運営改善に取り組むこととしている。

(1) 生活店舗

　生活店舗は、立地・商圏特性に見合った、店舗および駐車場などの施設の規模・機能が要求される。店舗規模は、商圏の大きさに応じて決まるが、極力、大型標準店舗（450坪）を商圏に応じて配置し、品揃えの標準化による運営コスト削減、モータリゼーションに対応する適正規模の駐車場など、機能・サービスを一定の水準まで高度化していく必要がある。このため、連合組織の持つ運営ノウハウや経営リスク負担力の観点から、連合組織との共同運営に転換することを検討する必要がある。

① 大型生活店舗（大型標準店舗）

　　大型生活店舗（大型標準店舗：売り場面積450坪）においては、投資規模も大きく、したがってリスクも大きくなりJA経営に与える影響が大きいことから、損益管理を徹底し、事業採算を確保することが不可欠である。将来的には信用・共済事業店舗や集会所など他の店舗・施設機能を集中配置した生活総合センター機能の核として位置付ける。

② 小規模店舗

　　小規模店舗は、現状の店舗運営の実態から事業拡大の余地が少なく事業採算に乗りにくいことから、一定規模を有する店舗への集約統合が原則である。

(2) 給油所

生活店舗に準じた整備となるが、立地・価格・営業時間が決め手であり、道路網の整備に応じた立地転換を検討する必要がある。運営にあたっては、最低限の資格者を除き臨時・パートなど、非正規職員によるローコスト運営体制を構築する。

(3) 信用・共済事業店舗

信用・共済事業店舗については、両事業の支所（店）機能を担い、生活店舗と同様一定の地区を商圏として持つ。商圏の大きさは資金量などの店舗規模・機能を基本的要素としつつ、時間・距離などをはじめとする組合員等利用者の利便性の観点から再配置を検討する必要がある。とりわけ、信用事業に関しては、業務機能に応じて店舗を以下の三つに分類し、地域のニーズに応じた店舗展開を進める必要がある。

　① 融資機能を含めてすべての信用機能を持つ総合信用事業店舗
　② 貯金・為替・小口融資業務を主体とする貯金小口融資店舗
　③ 貯金の入出金業務のみを行う機械化店舗

店舗の展開にあたっては、すべての信用店舗に少数の信用担当者を分散配置するような低機能店舗の多店舗展開は行わず、少数の総合信用事業店舗と分散した貯金小口融資店舗と機械化店舗を組み合わせた展開とする。

信用事業店舗展開例

本所（店）の視点	信用事業の拠点
総合機能的支社（店）	総合信用事業店舗
信用・共済事業に特化した支所（店）	貯金小口融資店舗
	機械化店舗

なお、JA全中の指針によれば、信用事業を営む店舗の存置基準が次のように定められている。

　① 最低人員基準

　　ⅰ）事務処理にあたり、実効性のある帳票作成、検印、照合が適正に

行われるよう、就業時間中は金融店舗に役席者（所定権限者）1名を含め、常時3名以上の信用事業担当職員が在店していること。

ⅱ）共済事業を取り扱う支所・支店においては、内部牽制態勢を確保するコンプライアンス・リスク管理の観点から、共済窓口・事務担当として常時2名以上の在店を確保するため、管理者1名を含む最低3名体制とすること（「コンプライアンス・リスク管理の視点に基づく最低要員体制」）。

② **最低限度の採算性**
原則として支所・支店における共管配賦前の収支を確保すること。

3-4 事業部制の利益管理と責任会計

責任会計とは、予算統制や原価管理を遂行する場合に要請される会計制度であり、職制上の責任者の業績を明瞭に測定し得る会計制度である。その要点は、会計数値と管理組織上の責任者との結び付きにある。

事業部制は、本社のトップマネジメントのもとに事業部と呼ばれる利益責任単位（プロフィットセンター）を編成した組織形態である。各事業部は、プロフィットセンターとして事業部単位の計画・統制を行い、利益向上に貢献することを図る。管理本部は、コストセンターとして管理費の効率化を図る。場所別・部門別予算統制がポイントになる。

経営計画を有効に機能させるためには、予算管理制度を有効に機能させる必要がある。具体的には、月次決算と月次予算統制に重点を置いて管理していく。まずはじめに、年度予算を月次予算レベルに展開する。年度予算編成の段階で、すでに月次レベルの予算積上げが基礎となっている場合は、月次統制はそれほど困難ではない。

次に、月次決算が終わった段階で、予算・実績（予実）対比による分析を行う。予算・実績の差異を算出して、今後の経営に反映できるよう統制する。中間決算が終わった段階で修正予算を編成する。中間決算が期首予算と大きく乖離した場合、期末の見込みを修正し、中間決算の段階で修正を行う。

また、事業部ごとの業績評価システムの構築が必要である。事業部制の欠点とされるセクショナリズムの克服は、総合調整機能の向上によるしかないが、事務局は企画管理部署としても最終的には、常勤役員が負う職務である。

本社に留保される権限とは、一般的には、一定金額以上の設備投資の承認、プロフィットセンターの業務評価基準の設定と実施である。JAの場合は、複線型人事管理がまだ定着していないので、人事権も留保されているのが一般的である。ただし、複線型人事管理が定着し、高度化すれば、一定の人事権は事業部に委譲されよう。

　いずれも権限を上位レベルに集中し、活動の統一性を図ることをめざす集権管理組織と対照的に、事業部制組織は、分権管理組織として権限を下位レベルに委譲し、現場の状況に即応することをめざして設計されればよいということになる。組織は戦略にしたがうというチャンドラーの命題は、ここでも生きてくる[注14]。権限の委譲には明確なルール（委譲される責務の明確化、経過の報告）と、権限を委譲した者がフォローアップすることが必要である。

（注14）チャンドラーの命題である「組織は戦略に従う」を受けた記述である。一方、アンゾフは「戦略は組織に従う」という逆の命題を提起した。その後、J.B.クインやH.ミンツバーグによって「戦略と組織は相互作用的関係にある」という考え方が主張されている。

4 子会社とグループ・ガバナンス

(1) JAの子会社の意義

　子会社は、JAの事業活動の充実強化を図ることを目的としている。生活購買事業および不動産事業の経営効率化や、地域住民の利用ニーズに応えたり、農産物の加工、販売の促進、農業資材の購入の合理化などの見地から株式会社として設立されてきた。

　しかし、子会社の中には、JAの事業活動のための設立の必要性が乏しいものや、経営が適正に行われないため、多額の赤字を抱えJAの経営にも重大な影響を与えるものが多く発生したことから、設立・管理の適正化が行政指導されてきたが、次のような点に子会社設立の意義が認められる。

① 　迅速な意思決定と機動的な運営
② 　高度な専門知識と柔軟な労務管理
③ 　行政など第3セクターとの連携
④ 　地域サービスの提供

　以上のほかに、員外利用制限など、農協法上の規制をクリアすることもあげられよう。

　ところで、特定の事業を分社化して子会社化する場合には、目的が上位基準としてあって、その目的を達成するための手段として、子会社という組織形態を選択するというステップがポイントである。子会社化すべき事業を選択する基準としては、概念的に次のような基準が考えられる。

① 　組合員を対象にした事業は、相互扶助・協同原理に基づきJA本体で行う。
② 　地域住民も利用する事業は、顧客満足・マーケティング原理に基づき会社形態で行う。

　①の基準は、JA本体でないと事業を維持できないか、または競争力を発揮できない事業である。②の基準は、JAでなくとも他の業者に任せられる事業、または、JA本体から切り離し競争力を発揮できる事業とも表現できよう。

いずれにせよ、JA内に構築する事業部制の組織形態を深化させ、より経営活動機能を強化させる組織形態として、分社化するという形態を選択するということである。

(2) 子会社の定義と制約

会社法においては、子会社とは、会社がその総株主の議決権の過半数を有する株式会社、その他の当該会社がその経営を支配している法人として法務省令で定めるものをいう（会社法第2条第3号）。農協法においても、同様な趣旨が定められている（農協法第11条の2第2項）[注15]。

なお、JAは信用事業と共済事業を行っていることから、協同組織金融機関として子会社として保有することができる会社、連結ベースでのディスクロージャー・自己資本比率規制、他業禁止の徹底と子会社の範囲の潜脱防止の観点から他業態と同様の規制が付されている（農協法第2章第4節子会社等）。ただし、信用事業と共済事業以外のための子会社、すなわち経済事業関係の子会社を排除するための規制ではない。

また、会社法においては、組織変更、吸収合併、新設合併、吸収分割、新設分割、株式交換、株式移転という組織再編行為が認められており、税制面では税制適格要件を満たせば、企業集団内部における組織再編行為の課税を繰り延べるという企業組織再編税制が導入されている[注16]。農協法においても、2015（平成27）年9月の改正によって株式会社等への組織変更を可能とする規定が措置された[注17]。

(注15) 詳細については、明田作『農業協同組合法第二版』（経済法令研究会、2016（平成28）年5月20日）224頁他を参照。
(注16) 高橋均編著『企業集団の内部統制―実効的システム構築・運用の手引き―』（学陽書房、2008（平成20）年1月31日）
(注17) 118頁他参照。

(3) 子会社化の進展

JA合併の進展でJA規模は飛躍的に拡大した。これは、協同組合においても合併が規模拡大の有力な手段であることを示している。また、協同組合は、単位組合同士で連合組織を形成するという形で、実質的な規模拡大のメリットをも享受してきた。さらに、市場競争の激化のもとで、より多くのスケール・メリットを実現するため、現在は連合組織間の合併・統合が進展している状況下にある。単位組合、連合組織とも合併を規模拡大の有力な手段にし

ているということができよう。

協同組合が抱える子会社の規模拡大について、比較的これまで議論されることが少なかったが、事業会社の規模拡大は、合併または提携で行うことが一般的である。当然、事業会社たる子会社もほかの子会社との合併や提携(注18)で、規模拡大を図ることが検討されてよいだろう。

加入・脱退の自由のもとでメンバーシップ制をとるJAと、会社法準拠のもとで効率性を追求する子会社の規模拡大（適正規模）は、自ずから異なったものとなろう。すなわち、子会社は、ブロック域や全国域規模での合併も照準に入る可能性がある。

原料の調達、製造、販売、物流、アフターサービスなどの一連の流れを見直し、システムを形成することをサプライチェーン・マネジメントと呼ぶ。この考え方は、M.E.ポーターがいう価値連鎖（バリュー・チェーン）に基づくものである。この価値連鎖をJA、連合組織、子会社間の分業関係にまでおよぼして検討してみることが必要となろう。いわば、強みのある部門を中核にして子会社を周辺に抱える形態であり、J.K.ガルブレイスのいうネットワーク型組織である。

メルトは、企業が単一事業にとどまる場合は機能別組織を採り、多角化の程度につれて事業部制へ移行し、コングロマリット型にまで進むと、持株会社方式にいたるとしている。

子会社が規模拡大し、コングロマリット化すると、子会社を多数抱えるJAへの組合員の加入・脱退をどう考えるのかという課題が生じてこよう。そして、JA単体でのコーポレート・ガバナンス（企業統治）から、JAと子

子会社化された事業と究極のJAのイメージ

JA	運営を担当する特殊企業体
機能別子会社	財務・経理、情報システム、人事・教育、物流
事業別子会社	現行法のなかで考えると、信用・共済事業は事業部制が妥当であろう。
地域別子会社	地域性に着目した会社。JAの経済事業がそのまま、株式会社へと変形したものといえる。

（注）運営を担当する特殊企業体であるJA本体は、事業機会と投資機会の発掘および子会社への役員派遣を通じた運営管理を主な機能とする。いわば、一般事業会社のホールディング・カンパニーを想定している。

会社を含めグループ全体を視野に置いたグループ・ガバナンスの課題へと焦点が移ることになる。また、企業集団全体のコンプライアンスを重視した経営の観点から、次に述べるように企業集団を単位とする内部統制の構築と運用（グループ内部統制）が求められてきている。

(注18) 合併によって、特定の企業は独立性を失うことになるが、戦略的提携は企業の独立性を保持したまま、柔軟な結び付きが形成される。資本参加、技術提携、ライセンス供与、共同研究開発、共同生産、生産委託、販売委託など一般企業で採用されている緩やかな協調関係（戦略的提携）は、JAグループにおいてももっと研究されてよいだろう。

(4) グループ・ガバナンス

グループ・ガバナンスは、近年ではとりわけ企業集団の内部統制（グループ内部統制）の強化について議論が深まっている。その結果、いわゆる内部統制システムについて、会社法施行規則から会社法本文へ「当該株式会社及びその子会社から成る企業集団の業務の適正を確保するために必要なものとして法務省令で定める体制」（会社法第362条4項6号ほか）が格上げされ、具体的な委任を受けた会社法施行規則において、企業集団の内部統制に関する具体的な例示が示された（同法施行規則第98条1項5号イ～ニ）。

グループ・ガバナンスは、そもそも法人格を超えて親会社が子会社を管理するということであるが、その根拠としては次の2点が議論されている。一つは、子会社における不祥事等によって子会社自体の価値が減少し、それが親会社の保有する子会社株式の価値減少を通じて親会社自体の価値減少につながるからということであり、二つは親会社と子会社が協働することにより得られるシナジーを追求する必要があるからということである。ただし、子会社における少数株主保護の観点から、親会社の関与には一定の限界があるとされている(注19)。

JAにおけるグループ・ガバナンスの必要性は、次の3点に整理される。
① 子会社については、出資者であるJAの意思反映を円滑に図ること
② JA本体と各子会社間を通じた農業振興や意思決定の統一性確保の観点から組織横断的なガバナンスを確立すること
③ 子会社について専門的で実務に精通したトップマネジメントを確立すること

JAらしいグループ・ガバナンスの形成は、相互扶助に基づく連帯を支える新しい思想になると考える。JAは、「共同で所有し民主的に管理する事業体」(「協同組合のアイデンティティに関するＩＣＡ声明」1995（平成7）年9月）として、子会社を含めることは十分可能であろう。

　この場合、概念的には「所有と管理における民主主義」（レイドロー報告「西暦2000年における協同組合」1980（昭和55）年）をグループ・アイデンティティとして保持すること、また、共通の目標を明確にすることがポイントとなろう。

　具体的には、共通目標と子会社の使命を成文化した、子会社運営規程などを作成する必要がある。組織間のガバナンスが良好に機能すれば、相互交流によるネットワーク効果も期待できよう[注20]。

(注19)「グループ・ガバナンス強化に向けた企業の取組みと法的論点（上）」『商事法務2016年10月5日、No.2113』
(注20) 海外子会社については、法制度や慣習の違い、言語の違い、物理的な距離等を踏まえ、国内子会社とは異なる管理方法が採用される場合が多い。海外子会社まで含めたガバナンスやコンプライアンスは、それぞれグローバル・ガバナンス、グローバル・コンプライアンスと呼ばれる。

JAの経営管理機構図例

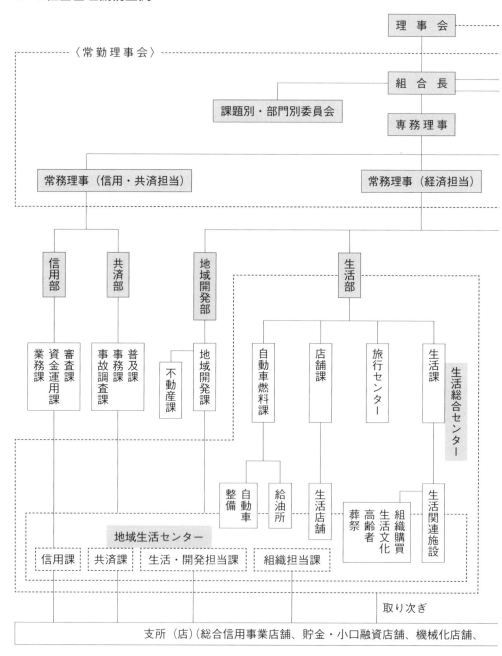

4 子会社とグループ・ガバナンス

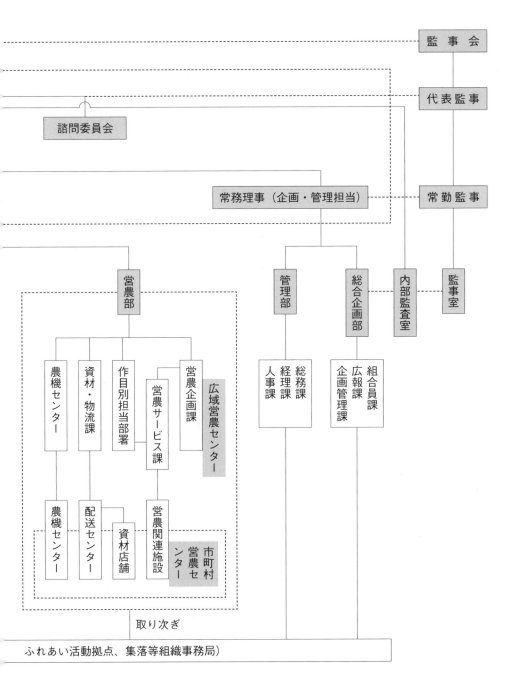

濱田　達海 （はまだ　たつみ）

鹿児島県生まれ
昭和54年3月九州大学農学部卒業、同年4月JA全中入会、教育部長はじめ幾つかの部長職を経験後、JA全農常勤監事、JA全農チキンフーズ(株) 常勤監査役を経て、2019年7月よりJET経営研究所代表。

(主な公的資格)
中小企業診断士、特定社会保険労務士、農協監査士、船舶1級、アマチュア無線2級、大型自動車免許

JA監事読本

2019年5月1日　第1版　第1刷発行
2019年9月20日　第2版　第1刷発行

著　　　者　　濱田達海

発　行　者　　尾中隆夫

発　行　所　　全国共同出版株式会社
　　　　　　　〒161-0011 東京都新宿区若葉1-10-32
　　　　　　　TEL. 03-3359-4811　FAX. 03-3358-6174

印刷・製本　　株式会社アレックス

Ⓒ 2019, TATSUMI HAMADA
定価は表紙に表示してあります。
Printed in japan